30個必學的
AI行政工作術

搞定會議、行程、簡報、文書、
圖表、影音、資料庫，事半功倍，準時下班！

賴彥廷 著

好評推薦

　　行政工作向來是上班族最覺得麻煩卻又不得不做的部分，原因是絕大部分工作都不難，只是有很多表格和文書作業，得耐心處理，仔細核對，避免了不該犯的錯。得知彥廷寫了一本專門為辦公室上班族最困擾的行政工作所開發的《30個必學的AI行政工作術》，真心覺得太實用。

　　我一直認為，對廣大上班族來說，AI幫助最大的是處理耗時費心力的行政工作，只要掌握必要的操作方法即可上手，將省下的時間與心力，集中在高產值的核心專業的發揮上。

　　彥廷開發的30個行政工作主題，藏有不少體貼的心機在裡面，讓人會心一笑卻又覺得真的實用！

——職業作家、企業培訓講師　Zen大（王乾任）

面對琳瑯滿目的 AI 工具，你是否曾經心動卻無從下手？或耗費大量時間研究，卻仍找不到真正能解決問題的方法？

　　別擔心，《30 個必學的 AI 行政工作術》正是為了你而寫！

　　作者從行政工作者的角度出發，精選多款能有效提升職場效率的 AI 工具。並在每個章節以真實的職場小故事作為開場，從你熟悉的工作痛點切入，再分享對應的解決方案。這樣的安排，就像有位貼心的前輩在旁悉心指導，使你更能理解、吸收並應用其中的知識。

　　透過本書，你將學會如何根據實際情境挑選合適的 AI 工具，並靈活整合多種工具的優勢，讓 AI 成為職場上的強力助手！

——全台第一本 ChatGPT 應用專書作者、
知名 AI 講師　林鼎淵

序

　　AI 技術一日千里，這股極其強勢的科技衝擊，不僅牽動諸多產業的發展，也將顛覆我們未來的工作模式。

　　你能想像嗎？ChatGPT 問世至今不過兩年時間，某次我坐在咖啡廳，竟然瞥見隔壁桌的小朋友熟練地用 ChatGPT 寫作業，問答之餘，他還不忘跟 ChatGPT 說聲「謝謝」呢！這個有趣景象的背後，點出了生成式 AI 的一大特色：哪怕你不懂艱深的技術，也能輕鬆運用 AI 解決問題！

　　然而，現在正處於 AI 快速迭代發展的時期，市面上層出不窮的新技術與新工具，難免讓人感到無所適從，甚至倍感壓力。面對職場上複雜多樣的工作內容，如何順暢地將 AI 運用在實際工作中，更是一大挑戰。

　　於是，本書精心挑選了 30 個職場常見的工作項目，從「解決痛點」這個目標出發，透過案例引導的方式，探討如何在不同的工作情境中，靈活運用 AI 工具解決問題，讓那些既花時間又耗心力的繁瑣工作，變得輕鬆又能迅速完成，效率自然大幅提升！此外，本書特別設計了概念化的操作示意圖，藉由簡潔扼要的圖像說明，幫助初學者迅速掌握各項 AI 工具的使用方法。

最後,希望每位翻開這本書的讀者朋友,都能從閱讀中感受到樂趣,進而在實際應用時,親身體驗 AI 帶來的美好與便利!

指令檔案下載

書中一些示範指令已做成文字檔可供下載。可直接複製指令,或修改調整指令,以符合個人的使用需求。檔名=章節號碼。

開啟指令檔案前請確認使用的編碼為UTF-8。若出現亂碼無法正常顯示,請確認軟體使用的編碼為UTF-8。

指令檔

Contents 目　　　錄

第1章　任務精算力

1. 自動記錄線上會議的每個重點／Tactiq　　　　　　　　　　10
2. 高速完成會議後的進度追蹤清單／Whisper JAX + Claude　　21
3. 將所有會議通知自動寫入行事曆／Zapier + ChatGPT　　　　33
4. 客製化多種Email模板，提升回信效率／Gemini　　　　　　 45
5. 高速寫完一封流暢的英文信件／ChatGPT Writer　　　　　　57
6. 用PDCA原則拆解複雜的交辦事項／ChatGPT + PDCA　　　　67
7. 訓練個人專屬的行政小助理／ChatGPT　　　　　　　　　　77

第2章　活動執行力

8. 快速搞定國外差旅行程／ChatGPT　　　　　　　　　　　　88
9. 用AI安排國內員工旅遊行程／Gemini　　　　　　　　　　 100
10. 一人包辦康樂活動（一）：用AI繪製賀卡／Microsoft Designer　112
11. 一人包辦康樂活動（二）：用AI製作配樂／Suno　　　　　 122
12. 一人包辦康樂活動（三）：用AI製作影片／Clipchamp　　　135
13. 用AI製作人聲旁白／MyEdit　　　　　　　　　　　　　　144
14. 輕鬆設計活動的抽獎工具／Poe　　　　　　　　　　　　　152

第3章 文書迅捷力

15	一次搞定簡報的設計排版與美編／Gamma + ChatGPTT	164
16	將文字轉為清晰的流程圖／Excalidraw + ChatGPT	177
17	AI心智圖助你理清思緒／Xmind AI	187
18	打開AI的創意開關／ChatGPT	197
19	將文字轉為視覺化圖表／Napkin AI	207
20	讓AI化身Excel公式助手／ChatGPT	217
21	自動生成數據統計圖表／ChatGPT	227
22	AI幫你解決轉檔大小事／ChatGPT	238
23	批次寄送檔案資料／ChatGPT + Excel VBA	247

第4章 資料搜索力

24	同步管理紙本名片與數位通訊錄／ChatGPT	260
25	智慧管理隨身小本本／NotebookLM	271
26	AI第二大腦幫你管理文件檔案／ChatFile	281
27	讓網路搜尋精準又有效／Perplexity AI	290
28	讓你的「稍後閱讀清單」煥發價值／Readwise Reader	301
29	讓AI成為你的個人筆記助理／ChatGPT	314
30	AI網頁翻譯又快又準／沉浸式翻譯	323

Chapter 1

任務精算力

1 自動記錄線上會議的每個重點／
Tactiq

專案經理 Emma 負責這次新產品的推廣，她一邊盯著電腦螢幕，觀看各部門主管在 Google Meet 上隔空交火，一邊努力記錄會議重點。

行銷部率先發言：「我們一定要在社交媒體上大力推廣，這樣才能吸引年輕族群！」

研發部不甘示弱地回應：「我們的優勢是產品品質，應該找專家代言，展現我們的技術實力。」

行銷部立刻反駁：「如果不找 KOL 推廣，消費者根本不會有興趣，我們很快就會被競爭對手超車了！」

研發部則堅持：「一直靠網紅行銷是不夠的，消費者更願意相信專家吧！不然我們做個市場調查，看看哪種方式更受歡迎？」

行銷部回答：「市場調查可以做，但產品上市時程很緊迫，你們最好先把方案跟預算列出來，否則會來不及。」

聽到兩個部門「激烈溝通」暫歇，總經理跳出來指示大

家跟進，並決定下週再召開一次線上會議，為這次長達兩小時的會議作結。

會議結束後，Emma 嘆了口氣。這場會議時間很長，每個人的發言相當多，要整理出一份「精簡而完整」的會議記錄並不容易。

尤其是線上會議無法看到對方表情，不僅要隨時記下發言者是誰，一不留神還會遺漏重點。更別提多方會議時眾人各執一詞、互不相讓的混亂情況，讓整理會議記錄的難度大增。

Emma 心想，若能有個「會議記錄小助手」自動記錄發言內容並整理成要點，那該有多好！

Tactiq化身線上會議小助手

線上工具「Tactiq」是個 AI 小助手，能幫助我們解決線上會議的三大難題：

- 不遺漏重點：AI 完整記錄逐字稿，會議過程還能隨時劃重點，所有細節不遺漏。
- 記住發言人是誰：AI 自動標記發言人，方便追蹤進度。
- 製作待辦清單：無論是老闆的交辦事項、跨部門的問題、客戶的需求，或是關鍵結論，在開會時都能第一時間用標籤區分完成分類，輕鬆做出待辦清單。

操作步驟

使用 Tactiq 這個 AI 線上會議小助手只需要 4 個步驟：

STEP 1　安裝程式

「Tactiq」是一款瀏覽器擴充功能，適用於現在常見的視訊會議軟體，像是 Google Meet、Microsoft Teams、Zoom 以及 Cisco Webex。

安裝後，未來每次開啟線上會議，Tactiq 都會自動執行。

STEP 2　快速掌握 Tactiq 的操作方式

在 Google Meet 等視訊軟體上，Tactiq 以附設小工具的形式顯示於螢幕側邊。

介面布局分為三個區塊：
- 視訊軟體區：原有的視訊軟體畫面。
- 逐字稿區：AI 即時擷取發言內容，轉為文字記錄。
- 功能區：螢幕截圖、暫停運作等功能按鍵。

Tactiq 操作介面圖示

視訊軟體區

行銷部

研發部　總經理

業務部　Emma

Tactiq

逐字稿區

行銷部
我們一定要在社交媒體上大力推廣，這樣才能吸引年輕族群！

研發部
我們的優勢是產品品質，應該找專家代言，展現我們的技術實力。

行銷部
如果不找KOL推廣，消費者根本不會有興趣，我們很快就會被競爭對手超車了！
......

功能區

逐字稿區是 AI 運作的核心，發言人是誰以及所有發言內容都有完整記錄，甚至某些冗言贅字或斷句不清楚的地方，也會經由 AI 之手同步進行簡單的修正。

有了這個功能，我們不用再手忙腳亂地一邊開會、一邊寫筆記，也無需擔心一恍神就遺漏了會議重點。

STEP 3
用標籤分類，輕鬆製作待辦清單

Emma 製作會議記錄時，常被行銷部和研發部的意見搞得暈頭轉向，總經理還會穿插其中給予指示。該怎麼快速分類重要內容呢？

運用 Tactiq 的標籤（Tags）功能，就能在線上會議進行時，同步將重要內容依照不同屬性進行分類。

系統預設四種標籤：決策（Decision）、行動（Action Item）、問題（Question）與標註（Callout）。

直接用滑鼠選取逐字稿區的某段文字，即可加上標籤。

更重要的是，還能預先設計專屬於自己的標籤系統，讓分類邏輯更符合需求！

舉例來說，頭暈腦脹的 Emma 將標籤系統設計為：

● Decision：總經理的裁示或重要決策。

- Action Item：各部門後續執行的工作。
- Question：灰色地帶的問題、尚未整合的爭議，或是留待下次會議討論的事情。
- Callout：Emma 個人執行的工作。

透過這樣的分類方式，Emma 為每段發言「劃重點」的同時，也依照不同目的把每個重點分類存放，大幅縮短事後整理會議記錄的時間。

Tactiq 客製化標籤操作示意圖

Tactiq
- My Meetings
- Shared With Me
- AI Tools
- **Account & Settings**
  - **Settings**
  - Billing
  - Team
  - Integrations
- Archive
- Reporting

Settings(設定)
General / Team / Labels / **Tags** / (標籤)

Icon (圖示)	Description (描述)
🎯	Decision： 總經理的裁示或重要決策
☑	Action Item： 各部門後續執行的工作
?	Question： 灰色地帶的問題 尚未整合的爭議 留待下次討論的事情
💡	Callout： 個人執行的工作

良好的會議記錄必須包含一份清晰的待辦清單，讓所有與會者在會後迅速回顧重要決策，清楚掌握自己的任務。

上至老闆的指示、下至同事的需求，以及每項任務由誰負責、如何執行、回報頻率與完成期限，都是待辦清單必須記錄的內容，也是整理會議記錄最耗時的地方。

如今，AI 逐字稿搭配標籤分類功能，簡化了製作會議記錄的程序，讓工作效率倍增！

如果你也想像 Emma 一樣客製化自己的標籤系統，可在 Tactiq 的設定頁面（連結附於文末），依序點選 Account & Settings → Settings → Tags，即可調整或新增標籤內容。

STEP 4
完成會議記錄

會議記錄的形式可能會因為企業文化或主管偏好而有所不同，常見兩種流派：

- 行動方針派：只記錄待辦事項與關鍵決策，省略其他發言內容。簡明易懂，屬於一般企業喜愛選用的方式。
- 鉅細靡遺派：按照議程順序或發言先後，詳實記錄每段內容，整理完成的會議記錄讀起來近似逐字稿。屬於政府機關、公務人員常用的方式。

無論你是哪種流派，Tactiq 輸出的成果都能滿足需求。

善用標籤功能，能替行動方針派的使用者高速完成待辦清單；經由 AI 自動生成的逐字稿，則是鉅細靡遺派使用者的一大福音！

技巧再升級

技巧 1　優化逐字稿品質

如果你在使用過程中發現語音辨識的效果不佳，逐字稿錯字連篇，請特別留意「轉錄語言」（Transcription Language）的設定。

Tactiq 依照轉錄語言生成逐字稿，目前還無法兼顧多種語言。舉例來說，在中文對話的情境，若不小心將轉錄語言設定成英文，就會影響到逐字稿的品質。

技巧 2　給重度使用者的 4 個祕訣

如果你是線上會議的重度使用者，以下還有 4 個值得嘗試的操作祕訣：

- 螢幕截圖：擷取螢幕畫面（例如講者的投影片），自動附帶時間標記，事後輕鬆對照會議內容與截圖畫面。

- 連接雲端硬碟,自動儲存記錄。
- AI 工具包:讓 AI 做摘要、條列重點,或為下場會議撰寫議程等。
- 字詞替換(Auto-Correct):替換常見錯字或專業術語。例如,「IP」一詞既代表智慧財產權,而在半導體業又常被視為「矽智財」的簡稱,這類行話都能用 Auto-Correct 功能,交由系統自動辨識與替換。

AI 小講堂

Transcribe（語音轉文字）技術在生成式AI浪潮之下大放異彩。除了本文介紹的Tactiq之外，Scribbl、noty.ai也是功能類似的AI線上會議助手。更廣泛來說，除了製作會議記錄與逐字稿，「替影片建立字幕」也是這種技術的強項，以往勞力密集的工作，如今彈指之間就能完成。

從技術發展來看，語音轉文字技術在英文方面的表現非常令人驚豔，繁體中文在相關領域儘管起步較晚，也正以驚人的態勢成長、茁壯。

實用工具連結

Tactiq 安裝連結

Tactiq 設定頁面

2 高速完成會議後的進度追蹤清單／
Whisper JAX + Claude

業務部的 Ben 對於團隊的開會風氣頗有微詞。比如今天的會議又在重複討論早已決策完畢的事項，再比如，分派了 10 項工作，但一個月後只剩 5 項在推進，其餘的在忙碌中被遺忘，直到某天演變成無法忽視的問題，大家才重新開會討論。

「On the same page」的意思是，開會時每個人要專注於同一頁資料，才不會眾說紛紜、雞同鴨講。如果同事之間能時時 on the same page，保持共識，就能避免許多重複且無關緊要的討論，開會效率提升，彼此的合作更愉快。

大家該專注的那頁 page，正是「**進度追蹤清單**」！

一份優質的會議記錄不該是死板的流水帳，而應包含進度追蹤清單，明確列出每個工作項目及負責人，讓每個工項的歸責明確，避免發生漏接的情況。

想到這裡，Ben 意識到會議記錄的形式必須改版、進化，但是誰肯主動挽起袖子接下這份吃力不討好的差事呢？

Whisper JAX + Claude，高速製作進度追蹤清單

開會期間，我們忙著應付上司的緊迫盯人，同事的激烈提問，抽不開身記錄重點時，「錄音」是個好辦法。但是，開完會後，重新聽一遍錄音檔並手動打字又是一件苦差事。沒關係，這項麻煩的工作就交由 AI 執行！

運用語音轉文字 AI 工具「Whisper JAX」搭配新版本的大型語言模型「Claude」，就能用最小的工作量，讓手邊的會議錄音檔，高效轉換為條理分明的進度追蹤清單！

操作步驟

STEP 1
用錄音檔製作 AI 逐字稿

「Whisper JAX」這個線上工具輕巧實用，能將手上的錄音檔輕鬆轉成逐字稿，不僅準確度高，速度還很快！目前它架設於 Hugging Face 平台之中（連結附於文末），背後採用 OpenAI 開發的 Whisper 模型。

進入首頁後，請按照以下四步驟操作：
1. 選擇使用模式為 Audio File（錄音檔）。

2. 在檔案上傳區上傳會議錄音。
3. 在功能設定區選擇 Transcribe（語音轉文字）。
4. 點擊 Submit。

接著就讓程式自動運作，稍待一小段時間，畫面右方就會顯示逐字稿。現在中文、英文、日文等常見語言都能順暢處理。

拿到的逐字稿想必是參雜著多人對話、略顯凌亂的文字內容，但不用擔心，接下來，我們就請 AI 整理為結構化的資料。

Whisper JAX 操作示意圖

Microphone　Audio File　YouTube

Whisper JAX

檔案上傳區

拖放檔案至此處
-或-
點擊上傳

功能設定區

- transcribe (語音轉文字)
- translate (翻譯)
- timestamps (時間標記)

Clear　Submit

結果呈現區

(逐字稿)

STEP 2
訓練 AI 學習文案格式

請在瀏覽器開啟「Claude」（連結附於文末）。

首次使用時，需要以電子郵件註冊，並驗證手機號碼，依照畫面指示操作即可。

Claude 是由 Anthropic 推出的 AI 聊天機器人，它跟 ChatGPT 師出同門，操作方式也相似。Claude 擅長處理文字資訊，能夠根據我們下的指令生成文件、報告、信件等內容，也能夠重新編輯、摘要、改寫我們提供的資訊。

這次就是要請它「重新編輯」開會內容的逐字稿。

但請不要直接將逐字稿丟給 Claude，並告訴它「請條列出這次開會的重點」或是「請整理成進度追蹤清單」。根據經驗，這麼做的成果通常很差，因為 AI 時常看到黑影就開槍，即使不理解我們的指令與需求，它還是會糊里糊塗地回應。

解決這個問題的方法是**訓練 AI 學習文案格式**，給它正確的資料模仿與參考非常重要！

訓練 AI 並不難，就是把自己覺得寫得不錯的資料提供給它，請它分析。也就是告訴 AI，我們希望它如何處理這次的任務，我們心中理想的**進度追蹤清單**長什麼模樣。

舉例來說，我們可以將網路上寫得不錯的會議記錄，或

是格式恰當的進度追蹤清單提供給 Claude，讓它分析這份資料。即使文字內容跟我們的工作完全無關也可以使用，重要的是，讓 Claude 學習符合我們需求的格式。

讀到這裡，如果你還沒有頭緒，沒關係，請直接複製以下方法進行訓練。

輸入：

> 請分析下面這份範例資料的結構與格式，整理一份「進度追蹤清單」應該具備哪些項目？格式為何？
>
> 範例資料：
>
> 產品報價評估會議──進度追蹤清單
>
> 會議日期：2024／07／03
>
> 一、**報價方案評估**
>
> 1. 廠商Ａ／Ｂ／Ｃ之報價方案評估（業務部／Ben 經理）
>
> 2. 每年維護成本分析（研發部／Ariel 經理）
>
> 執行進度：報價方案報告製作完成，待討論。其他事項推進中。
>
> 下次回報日：2024／07／10
>
> 預計完成日：2024／07／19
>
> 二、**樣品測試**
>
> 1. 確認各家廠商何時可提供 demo（研發部／Tim 協理）
>
> 2. 請業務單位參與後續討論（業務部／Ben 經理）

（有可複製的指令範例）

3. 九月底前完成樣品測試（研發部、業務部）

執行進度：demo 將於 7 ／ 6 之前提供

下次回報日：2024 ／ 07 ／ 10

預計完成日：2024 ／ 09 ／ 31

三、其他事項

1. 請祕書部統籌下次會議議程（祕書部／ Nicole）

2. 下次會議請總經理出席

Claude 回答：

根據您提供的範例資料，我整理出一份「進度追蹤清單」應該具備的項目和格式。

標題：清楚表明這是什麼會議或專案的進度追蹤清單

會議日期：以年／月／日格式呈現

主要項目：用數字（如一、二、三）標示主要追蹤項目

子項目：在主要項目下用數字（如 1.、2.、3.）列出具體的子項目，每個子項目後，括號標註負責部門和人員

執行進度：簡要描述目前的進展情況

下次回報日：以年／月／日格式呈現

預計完成日：以年／月／日格式呈現

其他事項：可作為最後一個主要項目，列出不屬於主要追蹤項目但需要注意的事項

在這次對話中，Claude 已經掌握了範例資料的格式，如果我們想要修正格式，使其更貼近實際需求，也可以告訴它「請將日期格式改為月／日／年」或是「請將主要項目改用 A、B、C 標示」，如此一來，Claude 就能知道自己哪裡做得不好，如何修正。

我們可以重複幾次這個訓練過程，逐步調整，或提供更多範例資料讓它學習。直到 AI 提供的內容符合我們所需，然後輸入以下指令：

輸入：
請記憶你整理出的進度追蹤清單的格式與項目，將它命名為「格式 A」。

透過這個指令，未來只要提到「格式 A」，Claude 就能理解我們指的是這個特定的進度追蹤清單格式，不必再次重複訓練。

STEP 3
拆解逐字稿，改寫成進度追蹤清單

輸入：

請使用「格式 A」，一步一步分析以下會議資料，改寫成一份嚴謹的進度追蹤清單。

如果遇到前後意見不一致或重複討論的情況，請以最後結論為準。

會議資料：

（……複製貼上 Whisper JAX 生成的逐字稿……）

有可複製的指令範例

這樣就大功告成了！

Claude 表格製作功能示意圖

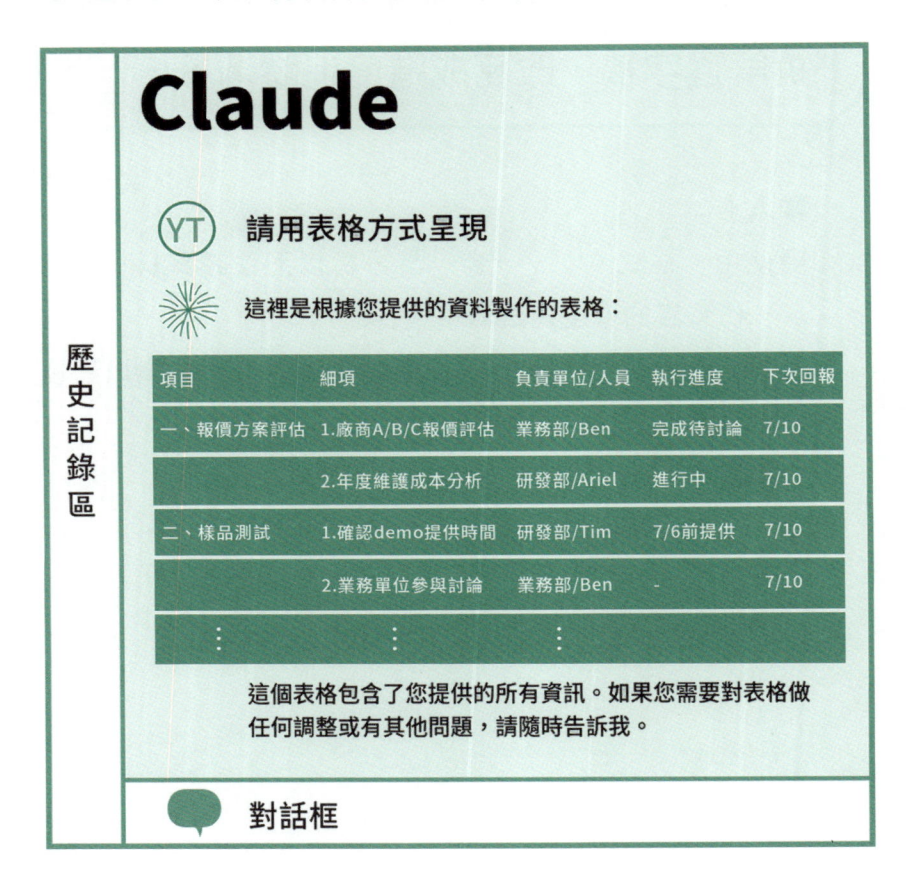

Claude

(YT) 請用表格方式呈現

這裡是根據您提供的資料製作的表格：

項目	細項	負責單位/人員	執行進度	下次回報
一、報價方案評估	1.廠商A/B/C報價評估	業務部/Ben	完成待討論	7/10
	2.年度維護成本分析	研發部/Ariel	進行中	7/10
二、樣品測試	1.確認demo提供時間	研發部/Tim	7/6前提供	7/10
	2.業務單位參與討論	業務部/Ben	-	7/10
⋮	⋮	⋮		

這個表格包含了您提供的所有資訊。如果您需要對表格做任何調整或有其他問題，請隨時告訴我。

💬 對話框

（歷史記錄區）

技巧再升級

技巧 1　重複使用訓練內容

目前 Claude 的每次對話都是獨立的，也就是說，我們替進度追蹤清單設定的「格式 A」，必須在同一個對話頻道使用，一旦開啟新對話就會失效。

所以，請記得保留訓練 Claude 的對話記錄，可以將之命名為「進度追蹤小幫手」，就不怕誤刪囉！

技巧 2　其他替代工具

如果 Whisper JAX 臨時故障，或是因為系統不穩而無法正常連線，我們可以在網路上找到類似的工具應急，比如：原始版本的 Whisper，或是 Hugging Face for Audio 提供的 Whisper Large V3 Turbo（連結附於文末），它們的使用方式都與 Whisper JAX 相同。Whisper JAX 曾經在 2024 下半年數度癱瘓，讓部分愛用者一時之間為了找尋替代工具而手忙腳亂。這個現象也暗示著「線上」AI 工具的不穩定風險。因此，對於重度依賴特定 AI 工具的人或是企業來說，「私有化」才是長久之計。

AI 小講堂

Claude與ChatGPT是當今最熱門的兩款生成式AI工具，它們之間曾有段愛恨情仇。故事要從2021年說起，Claude幕後的重要推手達里歐（Dario Amodei）和丹妮耶拉（Daniela Amodei）兩兄妹，當時還在開發ChatGPT的OpenAI擔任高階主管，因不滿公司向資本靠攏的發展路線，毅然決然離開，並帶走了九名員工，共同創立後來推出了Claude的企業Anthropic。

發展至今，達里歐和丹妮耶拉不斷重申「Alignment」（對齊）是自家公司的核心價值，天秤兩側擺上AI技術與人類倫理，讓兩者對齊，是Anthropic的首要之務。視安全與透明為己任，或許將讓他們走出一條不同的路。

實用工具連結

Whisper JAX

Claude

Whisper (Openai)

Whisper Large V3 Turbo (Hugging Face for Audio)

3 將所有會議通知自動寫入行事曆／Zapier + ChatGPT

「叮咚！」

「叮咚！」

熟悉的提示音響起，資深業務 Jeff 知道又有新的會議邀請來了。他每天都會被無止盡的會議通知淹沒，有些來自電子信箱，有些來自通訊軟體。

Jeff 熟練地一邊在筆電上查看 Email，一邊用手機點開 Line：

「Dear ALL，

近期將召開部門會議，討論專案進展和 Q4 的工作分配。

時間訂於下週五（7 月 12 日）上午 10 點，地點是 306 會議室，

請各位提前準備相關資料，並準時出席。

祝　工作愉快

祕書部 Alice」

「嗨 Jeff，總經理臨時有事，明天的會議改到下週一早上九點，先跟你說一聲。」

「大家好，明天下午 2 點在大會議室簡單討論一下出差行程，請準時出席唷～」

Jeff 一邊回覆訊息，一邊將各式各樣的會議通知逐一手動寫到行事曆上，這個繁瑣的整理過程，每個月都要重複無數次，無形中花費了大量時間與精力。

他不禁心想：「要是能有個助手，幫我整合不同來源的會議通知並同步到行事曆裡面，那該有多好！」

Zapier + ChatGPT打造AI行事曆助手

整理行事曆或許是件小事，但是電子信箱堆疊著格式嚴謹的會議邀請，通訊軟體不時彈出夾帶閒聊的通知，想從這些「來源繁多」且「格式各異」的訊息中，提取出開會主題、時間、地點等重要內容，寫到自己的行事曆上，確實是件麻煩事！

接著將結合 Zapier 及 ChatGPT 兩款工具，打造專屬自己的 AI 行事曆助手，自動檢測不同來源、不同格式的訊息，轉化成統一的格式，並無縫導入行事曆中。

操作步驟

STEP 1
設定 Zapier 自動執行機制

這次我們讓 ChatGPT 分析不同來源的訊息，轉成統一的格式，再輸入到 Google 日曆建立行程。由於過程牽涉兩款不同的應用程式，因此需要透過 Zapier 這個自動化工具串連兩者，建立一個自動執行的機制。

Zapier 能把兩個以上的應用程式工作流程串連起來，讓許多重複性高的任務自動執行，操作過程甚至不需要編寫程式，只要在 Zapier 的網站上選擇符合自己需求的模板，做簡單的調整與設定即可。

我們可以將 Zapier 的自動化機制想像成「扣扳機→子彈擊出」的概念。例如，ChatGPT 生成一段訊息（扣扳機），自動在 Google 日曆建立會議行程（子彈擊出），也就是說，觸發某個條件，後續的工作就會自動執行。

如果是第一次使用，請先以自己慣用的 Google 帳號或其他電子郵件帳號註冊。完成後，前往 Zapier 的「應用程式串接網頁」（連結附於文末）。

依序點擊：get started here → Open action setup window → Allow → Add a new action，設定相關功能細節。

接著在 Action 欄位輸入：「Google Calendar：Create Detailed Event」。

如果你習慣用 Outlook 行事曆，此處也可以改為選擇 Microsoft Outlook：Create Event。

接著，請按照以下說明進行設定：

- Google Calendar Account：選擇使用哪一個 Google 帳號的行事曆。
- Calendar：選擇 Set a specific value for this field，有些人的 Google 帳號同時存在工作、家庭、休閒等不同的行事曆，可在此處選擇特定行事曆。
- Start Date & Time：選擇 Have AI guess a value for this field，讓 AI 自動辨識會議開始時間。
- End Date & Time：選擇 Have AI guess a value for this field，讓 AI 自動辨識會議結束時間。
- Summary：選擇 Have AI guess a value for this field，讓 AI 摘要資訊。
- Description：選擇 Have AI guess a value for this field，讓 AI 描述會議內容。
- Location：選擇 Have AI guess a value for this field，讓 AI 自動辨識開會地點。

- Action Name：輸入「行事曆小幫手」，命名以上設定細節。

　　設定完成後先別急著離開，請複製目前的網址，之後還會派上用場。先將網址命名為「連結 B」。
　　最後點選 Enable Action，儲存本次在 Zapier 的所有設定。

Zapier 功能設定示意圖

🟢 Zapier / OpenAI

☑ **Action***

> Google Calendar：Create Detailed Event

☑ **Google Calendar Account*** 　💬 Google 帳號

> ABC@gmail.com

☑ **Start Date & Time*** 　💬 會議開始時間

> Have AI guess a value for this field

☑ **End Date & Time*** 　💬 會議結束時間

> Have AI guess a value for this field

☑ **Summary*** 　💬 AI摘要內容

> Have AI guess a value for this field

☑ **Description***

> Have AI guess a value for this field

☑ **Location*** 　💬 會議地點

> Have AI guess a value for this field

◎ **Action Name***

> 行事曆小幫手

`<Back`　　　　　　　　　**Enable Action**

STEP 2
取得 AI 參考指令

為了讓 ChatGPT 順利接軌上一步驟設定的自動執行機制，Zapier 官方撰寫了一段「AI 參考指令」，讓我們能輕鬆將 ChatGPT 與 Zapier 串聯在一起。

前往 Zapier 的人工智慧平台（連結附於文末），在 Instructions Template for AI Actions 段落處，可以找到一段以「###Rules：」開頭的參考指令，其中多數內容可以直接使用，唯獨「Required Actions：」後方的文字需要全部刪除，並替換為我們先前在 Zapier 設定的「連結 B」。

修改完成後，AI 參考指令將會變成下方的形式，暫且將它命名為「指令 Z」：

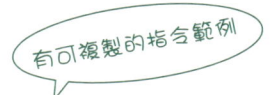

> ###Rules：
> - Before running any Actions tell the user that…
> ###Instructions for Zapier Custom Action:
> Step 1. …
> Step 2. …
> Step 3. …
> Step 4. …

有可複製的指令範例

將所有會議通知自動寫入行事曆／Zapier + ChatGPT

Required Actions:
- Action: 行事曆小幫手
Configuration Link: 連結 B

此時先別急著離開這個網頁,請繼續在 Get started 段落處取得一個以「https://actions.zapier」開頭的連結,我們暫時將它命名為「連結 A」。

成功取得指令 Z 與連結 A 之後,就能開始設計自己專屬的 AI 行事曆助手囉!

STEP 3
ChatGPT 打造 AI 行事曆助手

前往 ChatGPT:GPTs 設定頁面(連結附於文末)。

未來我們會把各式各樣的會議通知全部丟給 ChatGPT,為了讓它有規則可循,足以判斷哪些是重要資訊(例如會議時間),哪些是應該排除的雜訊(例如對方的閒聊),我們需要建立一個判斷邏輯,ChatGPT 才不會胡亂幫我們設定行程。

舉例來說,行事曆上一個行程至少該具備三個項目:會議主題、日期、時間,我們所下的指令中,就要明確告訴 ChatGPT 這三項是重要資訊,必須擷取出來,以後才不會產

生一個只有日期卻沒有會議主題的行程。

如果你還不熟悉 ChatGPT 的指令，別擔心，請直接複製以下內容進行設定。

有可複製的指令範例

名稱：AI 行事曆助手
說明：自動將會議通知寫入行事曆
指令：
請從使用者提供的文字中擷取以下資訊，並使用 Zapier AI Action「行事曆小幫手」，在 Google 日曆以繁體中文建立行程。
1. 會議標題
2. 日期時間（開始與結束），若無結束時間，假設會議為 1 小時
3. 地點
4. 摘要描述
若有需要，請使用「程式碼執行器和資料分析」（Code interpreter）功能。
（……請在此處複製貼上「指令 Z」……）
功能：只勾選「程式碼執行器和資料分析」功能，其他功能請取消勾選。
建立新動作：選擇「從網址匯入」，貼上連結 A，並點擊「匯入」。

完成以上設定，點擊畫面上方的「建立」就大功告成囉！更詳盡的 GPTs 操作步驟與使用，請見第 7 節。

ChatGPT 打造 AI 行事曆助手

ChatGPT-GPTs　　　　　　　　　　　建立

功能設定區

- 名稱：AI行事曆助手
- 說明：自動將會議通知寫入行事曆
- 指令：請從使用者提供的文字中，擷取以下資訊
  ‧ ‧ ‧ ‧ ‧ ‧
  （此處貼上指令Z，含連結B）
- 對話啟動器（不用設定）
- 知識庫（不用上傳檔案）
- 功能
  ☐ 網頁搜尋
  ☐ 畫布
  ☐ 生成 DALL·E 圖像
  ☑ 程式碼執行器和資料分析
- 建立新動作（此處輸入連結A）

預覽區
（隨時試用）

「叮咚！」

Jeff 聽到熟悉的提示音，反射性地點開 Line，果然又是新的會議通知。

「嗨 Jeff，這個月的進度報告辦在下週二早上九點，地點在大會議室，再麻煩你出席囉。」

Jeff 馬上把這段訊息複製、貼上到「AI 行事曆助手」，咚咚咚，ChatGPT 迅速跑出一段文字，告訴他，已經成功在 Google 日曆建立行程，真是方便又快速啊！

技巧再升級

技巧 1　手機使用更便利

由於首次設定的操作較複雜，建議先使用電腦設定，一旦完成這個 AI 行事曆小幫手，往後用手機版的 ChatGPT 即可操作，出門在外也能隨時使用，非常方便！

技巧 2　運作異常如何處理

如果 ChatGPT 出現異常狀況，例如畫面顯示：「無法檢測到配置的 Zapier AI Actions」，請回到 Zapier 應用程式串接網頁，確認「Manage Actions」清單中，我們所創建的「行事曆小幫手」都處於開啟狀態。

AI 小講堂

如果你有一個非常渴望被「自動執行」的工作流程,那就很有可能成為Zapier的忠實用戶。Zapier本質上不能算是AI工具,而是一個應用程式集成平台(Application Integration Platform),它的厲害之處在哪裡呢?

從前,不同的應用程式就像一座座孤島,彼此無法溝通,好比我們很難想像ChatGPT生成的內容如何跟Google日曆產生交集,只能自己默默做苦工搬運文字。而Zapier扮演的角色,就是連接這些孤島的跨海大橋,讓許多繁瑣重複的工作流程有了自動化的可能。

實用工具連結

ChatGPT:GPTs 設定頁面

Zapier 的應用程式串接網頁

Zapier 人工智慧平台

4 客製化多種 Email 模板，提升回信效率／Gemini

Y公司每個月會舉辦一次 Happy Hour 聚會，讓不同部門的夥伴一起吃喝放鬆。但負責規劃活動的祕書 Nicole 對這個聚會一點也不 Happy。

為了安排每次的聚會，Nicole 常需要多方來回協調，收件匣裡總是躺著十幾封往來溝通的信件，每個月都為此傷透腦筋。

Nicole 要如何利用 AI 幫自己整理出實用的範本，減輕手動寫信的負擔呢？

現代上班族每天都坐在電腦桌前，一封一封地回覆客戶、同事和主管的 Email，不知不覺一兩個小時就過去了，還會大量消耗腦力。

「該怎麼寫才會有條有理？這樣寫會不會不得體？」

這些內心 OS 總是在回信時反覆上演，賠上時間精力，沒辦法專心處理其他更重要的業務。

如果把收件匣的信件攤開來看，你會發現：

- 客戶經常提出類似的問題；
- 與廠商的洽談內容總有雷同之處；
- 就連回覆主管的信件，格式也都大同小異！

如果能依照不同情境，預先寫好幾份模板，需要時，滑鼠一按就能直接套用，豈不是輕鬆又便利？

現在像 Gmail、Outlook 等電子郵件系統都有提供「範本」功能，但實際採用的人卻不多，背後原因很簡單：從茫茫信件大海裡「撈」出自己寫過的內容，還要整理成條理清晰的模板，談何容易！

用Gemini做信件模版

沒關係，這件繁瑣的工作就交給 AI 來執行！

「Gemini」是一款由 Google 推出的協作型人工智慧，使用對話的方式，就能請它從爆滿的收件匣內篩選出特定的對話情境，並幫我們整合、構思、改寫為實用的信件模板。

接著我們將介紹 4 個步驟，從為數驚人的信件海洋中打撈出有用的資料，創造客製化的 Email 模板。

操作步驟

STEP 1
快速掌握 Gemini 的操作方式

首先,請在瀏覽器開啟「Gemini」。

Gemini 是一款由 Google 推出的聊天機器人,如果曾經用過 ChatGPT,對於它的操作方式肯定不陌生。

Gemini 的介面分為三大區塊:
- AI 聊天區:呈現我們與 AI 問答的每一句話。
- 歷史記錄區:記錄每次執行的內容。每當開啟一段新對話,歷史記錄區就會增添一筆記錄。
- 對話框:用於輸入提示語。

另外還有兩個重要的功能按鈕,左下角的「設定」可以開啟/關閉進階功能,右上角的「帳戶」則用於檢視登入的 Google 帳號資訊。

Gemini 操作介面圖示

```
┌─────────────────────────────────────────┐
│  Gemini                           帳戶  │
│  ┌───┐                                  │
│  │ 歷 │                                  │
│  │ 史 │          AI聊天區               │
│  │ 記 │                                  │
│  │ 錄 │                                  │
│  │ 區 │                                  │
│  │   │  ┌────────────────────────────┐  │
│  │   │  │ 💬  對話框：在這裡輸入問題 │  │
│  │設定│  └────────────────────────────┘  │
│  └───┘                                  │
└─────────────────────────────────────────┘
```

第1章 任務精算力

STEP 2
開啟 Google Workspace 串連設定

開始與 AI 對話之前,請先點選「設定」,在「擴充功能」選項內開啟「Google Workspace」串連設定,如此一來,即可將 Gemini 的人工智慧功能注入 Gmail、Google Docs、Google Drives 等其他工具,讓 AI 自由深入其中,搜尋資訊。

祕書 Nicole 想快速生成 Email 模板,而這項任務需要拆解為兩個步驟:

- 搜尋收件匣與「Happy Hour 聚會活動」相關的信件。
- 統整上述信件內容,重新潤飾成一份模板。

接著我們分別幫兩步驟設計不同的提示語,請 AI 執行。

STEP 3
輸入提示語——搜尋信件

輸入:

@Gmail 請搜尋今年我寄出有關「聚會活動」、「預約」的信件,並彙整信件內容

Gemini 回答：

（此處不贅述回覆內容，請參考圖片說明）

Gemini 幫你檢索 Email，並附上參考來源

Gemini

@Gmail 請搜尋今年我寄出有關「聚會活動」、「預約」的信件，並彙整信件內容

Google Workspace

以下是您今年寄出有關「聚會活動」、「預約」的信件內容：
> 主旨：OO會議廳預約詢問
日期和時間：2024年4月20日，下午4點至7點
參加人數：65人
場地布置：現代風格裝潢的包廂
餐飲需求：60-70人份自助餐
特別需求：兩位素食者
寄件日期：OO年OO月OO日
‧‧‧‧‧‧
> 主旨：AA 自助餐包場預約
‧‧‧‧‧‧
> 主旨：場地預約諮詢
‧‧‧‧‧‧

資料來源
‧OO會議廳預約詢問
‧AA 自助餐包場預約
‧場地預約諮詢

參考來源

歷史記錄區

💬 對話框

Gemini 先在 Nicole 的收件匣找到三封相關信件，並摘要說明信件主旨、重點內容與寄件日期。

　　我們不必擔心 AI「一本正經胡說八道」，因為 Gemini 的回答會附上「來源」，告訴我們引用哪幾封信件，保證每句話都有理有據。

　　如果用滑鼠點擊「來源」所引用的信件，還能直接跳轉到 Gmail，開啟那封信。

　　接著，我們使用第二種提示語下指令。

STEP 4
輸入提示語──撰寫模板

輸入：
@Gmail 請讀取上述信件內容，幫我統整為一份範本

Gemini 回答：
Y 公司聚會活動預約範本
主旨：場地預約諮詢
內容：
您好，
我是 Y 公司的執行祕書 Nicole，我們希望在貴中心舉辦一場公司的聚會活動，以下是活動的詳細需求，想與您

討論是否可行：

日期和時間：〔請填寫日期和時間〕

參加人數：〔請填寫參加人數〕

場地布置：〔請填寫場地布置需求〕

餐飲需求：〔請填寫餐飲需求〕

特別需求：〔請填寫特別需求〕

相當期待能委託貴中心舉辦一場成功的聚會活動。如有任何需要進一步討論的事項，請隨時與我聯繫，謝謝！

Warm Regards,

Nicole

Y 公司執行祕書

範例：

您好，

我是 Y 公司的執行祕書 Nicole，我們希望在貴中心舉辦一場公司的晚宴活動，以下是活動的詳細需求，想與您討論是否可行：

- 日期和時間：2024 年 6 月 13 日，下午 2 點至 6 點
- 參加人數：50 人
- 場地布置：希望有一個寬敞的開放空間容納所有同仁，並提供一些高腳桌方便大家交流。桌面需設置簡單裝飾，例如氣球或鮮花，營造輕鬆愉快的氛圍。如果能

另外安排一個投影幕，讓我們播放音樂及活動影片，那將更為理想。
- 餐飲需求：以簡單的點心與飲料為主，包括但不限於：多樣的小點心（如三明治、迷你漢堡、蛋糕等）、飲品（無酒精飲品、果汁）。
- 特別需求：有兩位同仁吃素，希望能適量安排一些素食餐飲。

相當期待能委託貴中心舉辦一場成功的晚宴活動。如果有任何需要進一步討論的事項，請隨時與我聯繫，謝謝！

Warm Regards,

Nicole

Y 公司執行祕書

根據 Nicole 的需求，Gemini 生成的模板分成三項：
- 主旨：信件主旨。
- 內容：精簡版，列出過往信件的重點，例如日期時間、參加人數、餐飲需求等。
- 範例：完整版，套用後只需微調修改即可寄出。

值得一提的是，Nicole 以前的信件記錄曾經提及公司有兩位同仁吃素，Gemini 處理時並沒有忘記這點，以「特別需求」的方式標註於信內。

技巧再升級

技巧 1　製作表格報告

　　Gemini 這種自動「撈」資料的功能，除了用來撰寫 Email 模板，還能延伸應用於製作表格報告。

　　舉例來說，Nicole 還有一項例行工作是統整十幾間廠商的報價資料並呈報給老闆，麻煩的是，每次一一點開信、重新閱讀、再把報價內容整理到 Excel，總是要耗費許多時間。

　　但是現在她只要輸入：@Gmail 請幫我整理本月 A 產品的報價資料，包含品名、價格、交期與聯絡人，以表格呈現。

　　一切交給 AI 處理，連試算表也一併製作完成。如今 Nicole 每次都能輕鬆、高效率地將資料呈報給老闆！

技巧 2　公司信箱也能用

　　對使用 Gmail 的人來說，Gemini 很方便，但不少公司還是用自己的 Email 系統，這樣還能用這篇文章教的方法嗎？

　　別擔心，有兩種變通方式，第一，我們可以將公司信箱的 Email「轉寄」到 Gmail，讓 Gemini 順利讀取資料；第二，我們還能運用 Gmail 的「帳戶和匯入——查看其他帳戶的郵件」功能，讓公司與 Gmail 兩個不同的收件匣隨時保持同步，如此一來，自然也能讓 Gemini 幫忙製作信件模板囉。

Gemini 自動檢索數據、自動生成試算表

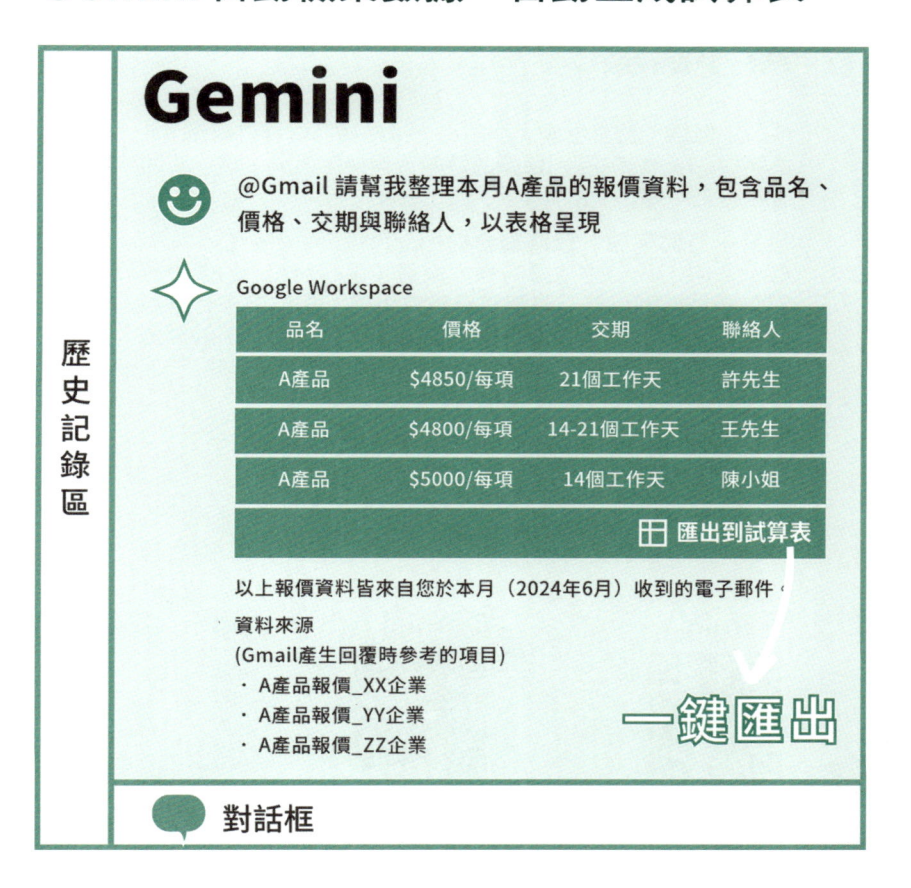

Gemini

😊 @Gmail 請幫我整理本月A產品的報價資料，包含品名、價格、交期與聯絡人，以表格呈現

✦ Google Workspace

品名	價格	交期	聯絡人
A產品	$4850/每項	21個工作天	許先生
A產品	$4800/每項	14-21個工作天	王先生
A產品	$5000/每項	14個工作天	陳小姐

⊞ 匯出到試算表

以上報價資料皆來自您於本月（2024年6月）收到的電子郵件。
資料來源
(Gmail產生回覆時參考的項目)
・A產品報價_XX企業
・A產品報價_YY企業
・A產品報價_ZZ企業

一鍵匯出

💬 對話框

歷史記錄區

AI 小講堂

Google為了搶占生成式AI市場,推出精心之作Gemini,頗有與ChatGPT互別苗頭的意味,但持平而論,現在它的實用性仍不如ChatGPT。

從另一方面來說,無痛整合Gmail、Google Docs與Google Drive生態系的強大優勢才是Gemini的傳家寶刀,一旦祭出,勢必收割許多數位用戶。相信未來付費版Gemini Advanced 將深化這種「跨應用程式」的緊密連結,值得期待。

實用工具連結

Gemini

Gemini Advanced

5 高速寫完一封流暢的英文信件／ChatGPT Writer

祕書 Ivy 不僅要幫總經理 Ken 安排行程，還要回覆客戶對於公司產品的疑問。雖然相關知識她早已嫻熟於心，用中文對答如流，但是寫英文信件一直是她的罩門，時常感到力不從心。

今天，Ivy 又不自覺停下敲打鍵盤的手，視線停留在一封英文信件上：

Dear Ivy,

I hope this message finds you well. We are keen to obtain comprehensive details about Product XXX, including its specifications, features, and pricing.

Furthermore, we would appreciate an opportunity to schedule a brief meeting with Ken to explore potential collaboration. Could you kindly⋯

Best,
Yvonne

Ivy 的英文能力並不差，但面對客戶的專業詞彙和商務書信格式，總覺得自己寫起信來詞不達意，也擔心犯了粗淺的語法錯誤，影響客戶的觀感。

　　「這封信到底該怎麼回呢？」她心中暗自煩惱，手指在鍵盤上猶豫不決。螢幕上的草稿不斷刪刪改改，最後總算拼湊出一封看起來還不錯的回信，卻比平常寫中文信要多花上兩到三倍的時間，實在很沒有效率。

　　相信許多人跟 Ivy 有同樣的煩惱。想要把一封英文信件寫得「道地」並不容易。即使有翻譯軟體可以幫忙，但是翻譯出來的詞彙和語氣總是呆板又枯燥，在外國人眼裡顯得不自然、不通順！

　　現在無論是多麼艱深的專業話題，AI 都能助你一臂之力。

　　英文能力不夠好嗎？別擔心，AI 已經改變了遊戲規則，有它幫忙，就能突破職場的語言藩籬，輕鬆自如地應對各種英文信件。

ChatGPT Writer幫你寫英文信件

　　AI 是非英文母語人士的救星，不僅能幫我們起草各式商務信件，大幅降低構思時間，還能從對方的信件內容中判讀關鍵訊息，細緻地捕捉對方的疑問，並巧妙融入符合商業禮

儀的用詞。

我們所要做的就是安裝「ChatGPT Writer」這個瀏覽器擴充功能。未來只要用中文簡單告訴 AI 回信的重點，就能迅速生成一封文辭流暢的英文信件。

操作步驟

STEP 1
掌握 ChatGPT Writer 的安裝與使用

ChatGPT Writer 是一款瀏覽器擴充功能，安裝後即可直接在 Gmail、Outlook 等電子郵件畫面中使用。

請先進入 ChatGPT Writer 的官方網站（連結附於文末），點選「Install Free Extension」進入 Chrome 線上應用程式商店，新增這個擴充功能。

ChatGPT Writer 的使用方式很簡單，共有兩種：

1. 點擊瀏覽器工具列的 ChatGPT Writer 擴充功能圖示（閃電形狀）。
2. 如果使用的是 Gmail，撰寫信件草稿時，底部的工具列也會出現 ChatGPT Writer 圖示（閃電形狀）。

使用這兩種方法，畫面都會彈出一個小操作視窗。介面

主要分成三大區塊：

- 原始信件區：套用對方的來信內容。自己撰寫新的 Email 則保留空白。
- 指令區：簡單說明自己回信或寄信的重點。可以用條列式呈現。
- AI 生成區：AI 依照指令描述，生成對應的信件內容。

我們還能依照需求做一些細部調整，例如：調整使用的 AI 模型（GPT-4o、Sonnet 3.5 等）、調整用字遣詞的語氣（專業、隨興、友善等），或是控管 AI 撰寫的內容長度。

ChatGPT Writer 操作示意圖

⚡ ChatGPT Writer

Email context

> 原始信件區

Write an email/Reply to this email

> 指令區

(GPT4o mini) (Writing tone) (Length) → 調整模型/語氣/回覆長度

⚡ ChatGPT Writer

> AI生成區

↓ **Insert Response**（套用AI生成內容）

STEP 2
輸入信件原文、輸入指令

請先將對方的來信內容複製到「原始信件區」，再依據信件內容，將需要回覆的項目輸入「指令區」。

舉例來說，Ivy 收到的信件內容有點長，但實際需要回覆客戶的內容只有兩項：產品介紹以及替總經理 Ken 安排一場會議。

> **輸入指令：**
>
> 請幫我回信：
> Product XXX 的優勢是較同級產品的碳排放量減少 50%，其他細節請看附檔。
> 總經理下週三下午方便開會。

由於這是正式的商務對答，我們不希望用詞太輕鬆隨便，因此將語氣（Writing Tone）設定為專業（Professional），內容長度（Length）設定為中等（Medium）。

至於指令一開始特別強調「請幫我回信」，是因為經驗上如果沒有特別說明，ChatGPT Writer 偶而會無法區分應該依照原始信件區的內容撰寫回信，或是直接改寫就好，導致

收件人與寄件人關係錯亂,最後生成的內容可是截然不同!事先言明這次要請 AI「回信」,就能避免烏龍狀況發生。

指令輸入完成後,點擊「Send to AI」即可自動生成內容。

ChatGPT Writer 回答:

Dear Yvonne,

Thank you for your inquiry regarding Product XXX. I am pleased to inform you that Product XXX boasts a significant advantage over similar products, with a 50% reduction in carbon emissions. For further details, please refer to the attached document outlining its specifications and features.

Regarding the meeting with Ken, I will arrange a brief meeting next Wednesday afternoon. Please let me know what time works best for you.

If you need any further information, please do not hesitate to reach out.

Best regards,

Ivy

看到 AI 迅速寫出一封流暢的英文信,Ivy 的眼睛為之一

亮，內容不僅精準掌握客戶的疑問，段落結構清晰，還巧妙加入了幾句問候語，營造出專業又不失溫暖的氛圍，真是太棒了！

STEP 3 檢查與校對

如果覺得 ChatGPT Writer 產生的內容還不錯，點擊「Insert Response」就能將這段信件內容直接套用到 Gmail 或 Outlook 的電子郵件草稿中。

儘管 AI 工具操作方便又快速，但面對 AI 生成的內容，我們還是要時刻保持警覺，握緊韁繩，仔細檢查一遍內容是否有誤才能寄出，以免馬失前蹄了！

技巧再升級

技巧 1　免費次數用完了怎麼辦？

　　ChatGPT Writer 目前有限制免費用戶每個月的使用次數，使用頻率較高的人，可能還沒月底就用完了，除了付費，還能怎麼辦呢？

　　第一，回歸老辦法，同樣交給 ChatGPT 扮演 AI 助手的角色。先輸入英文信件的內容，請 ChatGPT 撰寫回信，再將內容複製貼到 Gmail 或 Outlook。只是這樣會多出兩次切換視窗、搬運文字的步驟，稍微麻煩一點。

　　第二，搜尋與 ChatGPT Writer 相似的工具。這類型的 AI 電子郵件助手近年如雨後春筍般冒出，例如：Letty、Rytr。

　　此外，我們也可以用「AI Email Writer」這個關鍵字在網路上搜尋，相信能找到琳瑯滿目的工具。它們背後使用的技術大多相同，因此功能差異並不大，就是操作介面略有不同而已，不妨多多嘗試。

　　最後，這些工具的開發者畢竟需要「營利」以求生存，因此透過「限制使用次數」來吸引用戶付費也是人之常情。如果不想付費，只要事先準備兩到三個工具搭配使用，通常足以應付基本需求了。

實用工具連結

ChatGPT Writer

6 用 PDCA 原則拆解複雜的交辦事項╱ChatGPT + PDCA

Ashley 是公司的行政專員，經常遇到主管突然交付任務的情況。這不打緊，真正讓她頭痛的是，主管常常劈里啪啦傳來一長串訊息，橫跨好多不同的工作項目，每個工作都各有需要注意的細節。Ashley 經常要花費許多時間「理解」主管的指示，才能把複雜的訊息拆解為適合執行的工作步驟。

今天，Ashley 又收到來自主管的 Line 訊息：

「哈囉 Ashley，最近事情多到爆炸，有幾件事需要妳幫忙支援一下。首先是下禮拜的 Kick-off meeting，總經理很重視那個客戶，簡報資料一直改來改去，頭都大了。麻煩妳幫忙調整簡報的呈現方式，並將附檔的 Excel 數據補進去，整體排版美編就套用公司的標準模板。這件事很急，希望後天之前給我簡報。另外，我看了產品發表會的規劃，邀請名單還不錯，很完整，但其他人對於活動流程有些意見，請妳參考上次會議他們提的意見，調整一下，順便設計邀請函。對了，我還收到一個供應商的 Email，晚點轉寄給妳，他們

想確認 B 產品的進貨量，但處長好像還沒決定，請妳跟他確認一下，儘快給供應商一個初步回覆。不然像之前 A 產品拖太久，被廠商抱怨了好幾次，觀感很不好。有問題隨時找我唷！」

看完主管「落落長」的訊息，Ashley 知道自己恐怕又得加班了。這種突如其來的任務總是讓她感到不知所措。

「又塞過來一大堆事情，我到底該從哪裡開始處理呢？」

如果能有個頭腦清晰的助手，將這些零散的指示逐一拆解成條理清晰的工作事項，並按照緊急度或重要度排序，就能幫 Ashley 快速掌握現況，妥善安排時間，工作效率肯定會大幅提高，壓力也會減少很多！

ChatGPT + PDCA拆解複雜的交辦事項

ChatGPT 擅長處理文字內容的編輯與改寫，能把一段複雜混亂的資訊，在短時間內抽絲剝繭，用邏輯清晰的格式呈現。

「PDCA 原則」是一套用於梳理工作流程、增進效率的方法，包含四大階段：Plan（計畫）、Do（執行）、Check（查核）、Action（改善行動）。搭配 PDCA，可以使 ChatGPT 遵循同一套邏輯，確保最後生成的內容具有一致性，方便我們反覆套用到職場工作中。

以下將透過 3 個步驟，讓 ChatGPT 熟練運用 PDCA，打造一個專門拆解複雜交辦事項的 AI 助手！

操作步驟

STEP 1
讓 ChatGPT 記憶與學習 PDCA

這次我們讓 ChatGPT 扮演拆解複雜交辦事項的 AI 助手。請參考下方指令訓練 ChatGPT，讓它熟練運用 PDCA 的架構及原則。

有可複製的指令範例

輸入：

請你記憶以下關於 PDCA 原則的說明，後續我會請你使用 PDCA 原則，拆解別人給我的工作。

PDCA 原則分為四大階段：

- 計畫（Plan）：分析別人交辦的工作內容，按照工作性質或對象差異，歸納出重要的「工作課題」。此處簡單條列即可，詳細的工作項目請留待下一階段處理。
- 執行（Do）：將「工作課題」用數字 1、2、3 標示，在每個工作課題之下，定義所有需要解決的問題、或尚待處理的工作事項，用數字（1）、（2）、（3）標示。

- 查核（Check）：列出所有檢視進度或成果的查核點，例如截止日期。
- 改善行動（Act）：如果資料有提到執行期間可能遭遇的問題或是潛在風險，請以條列式呈現。如果沒有，請保留空白。

也請遵守以下幾個原則：
- 請完全依據提供的資料執行 PDCA，不要新增無關的內容。
- 如果原文的描述過於抽象，請轉化成可具體執行的任務。
- 如果輸入交辦工作的截止日期在三天內，屬於緊急事項，請在執行（Do）階段該項目的最後加上「＊」。

執行後，如果畫面出現「記憶已更新」（Memory updated）的小圖示，代表 ChatGPT 已經把我們輸入的內容記憶完成了。

事實上，這段指令開頭提到「記憶」兩個字非常重要，這個關鍵字能夠觸發 ChatGPT 的「Memory」功能。此功能的特別之處在於，我們要求它記憶的內容將會自動建立一個條目，存放於 ChatGPT 的記憶庫中。

透過「Memory」功能記憶的資料，即使開啟新的對話也能持續使用。舉例來說，未來每次提到 PDCA，ChatGPT

就能馬上理解我們指的是上文設定的規則，不必多做說明，節省每次重複解釋的時間。

另外，或許你會好奇，如果不採用 PDCA 有什麼差異？

我們當然可以單純上傳訊息內容，然後告訴 ChatGPT：「請將這份資料整理成清單。」這種方式也能快速整理出一份清單，可惜的是，一旦沒有設定統一的格式或架構，ChatGPT 就可能因為自由度過高，導致每次產出的內容差異很大，甚至會遺漏重要的資訊。

透過導入 PDCA 的架構，能讓 ChatGPT 更有邏輯、更妥善、更有針對性地拆解資料。

STEP 2
輸入訊息、生成 PDCA 清單

完成訓練後，ChatGPT 已經化身為專門拆解複雜資料的 AI 助手了！

我們可以直接把主管或同事傳來的交辦事項「餵」給 ChatGPT，請參考以下指令：

輸入：

請用 PDCA 原則，拆解以下工作交辦內容：

此處請複製貼上主管或同事傳來的訊息（可以同時輸入多則、來自不同人的訊息）。

ChatGPT 回答：

使用 PDCA 原則拆解提供的工作交辦內容如下：

計畫（Plan）

1. Kick-off Meeting 簡報調整。
2. 產品發表會規劃調整及邀請函設計。
3. 供應商溝通關於 B 產品進貨量。

執行（Do）

1. Kick-off Meeting 簡報調整
   （1） 調整簡報的呈現方式，使其更符合需求。
   （2） 將 Excel 附檔中的數據整合到簡報中。
   （3） 套用公司的標準模板進行美編。＊
2. 產品發表會規劃調整及邀請函設計
   （1） 參考上次會議的意見調整活動流程。
   （2） 設計邀請函。
3. 供應商溝通關於 B 產品進貨量
   （1） 向處長確認 B 產品的進貨量。

（2）根據處長的決定回應供應商。

查核（Check）
- Kick-off Meeting 簡報調整：確保後天之前完成簡報調整並交付。
- 產品發表會規劃調整及邀請函設計：確保活動流程和邀請函根據意見進行調整，並符合預期效果。
- 供應商溝通關於 B 產品進貨量：確保及時給供應商初步回應，避免延誤。

改善行動（Act）
- 確保所有交辦任務準確執行，及時更新進度和問題。

　　從 ChatGPT 提供的內容中，我們可以發現，AI 已經按照工作面向的差異，將原先主管傳給 Ashley 的一長串複雜訊息拆解成三個主要的工作課題，就連每個工作課題該如何執行、有哪些步驟、注意事項為何，全都清楚地歸納出來。

STEP 3
匯出為 Word 檔或 PDF 檔

如果想將這份 PDCA 清單儲存到自己的電腦，或是影印出來方便閱讀，不必手動複製貼上，請使用以下指令，直接將 ChatGPT 生成的內容匯出為 Word 或 PDF 等其他檔案格式。

輸入：

請將最終完成的 PDCA 清單製作成 PDF ／ Word。

執行後，ChatGPT 會提供一個下載連結，即可取得含有 PDCA 清單內容的 Word 檔或 PDF 檔。

現在有了熟練運用 PDCA 的 AI 助手，不管多繁雜的交辦事項，都能瞬間理清頭緒，立刻採取行動！

技巧再升級

技巧1　無法使用「Memory」功能怎麼辦？

如果下的指令有提到「請記憶／記住○○資料」，ChatGPT 卻沒有出現「記憶已更新」（Memory updated）的小圖示，那很有可能是「Memory」功能不小心關閉了。

遇到這種情況，請前往「設定」（Settings）重啟這個功能，或透過文末的實用工具連結進行設定。

技巧2　輸出檔案發現文字變成亂碼怎麼辦？

使用 ChatGPT 製作含有繁體中文的 PDF 檔、Word 檔，或是數據統計圖表時，常因為缺乏中文字型，導致中文字變成一片亂碼。

此時我們可以在網路上搜尋適用於繁體中文的字型檔，例如，具有開源授權的思源黑體或是台北黑體，將字型檔上傳到 ChatGPT，並輸入指令：「請使用我提供的字體製作 PDF。」即可解決中文字亂碼的問題。

實用工具連結

開啟 ChatGPT 的 Memory（記憶）功能

7 訓練個人專屬的行政小助理／
ChatGPT

「AI 不像大家說的那麼聰明，給的東西總是不準確，沒辦法直接用啦。」

「別人說『訓練』AI 很重要，但我跟它對話了這麼久，它怎麼還是不懂我的需求呢？」

「為了得到理想的成果，我要花更多時間和心力在 AI 身上，似乎本末倒置了吧，乾脆改回人工的方式好了。」

「唉，AI 真難用……」

你是否曾經在使用 AI 時，冒出以上的想法？

如果有，你並不孤單。面對新工具時的無力感相當常見。

在與 AI 磨合的過程中，我們常聚焦在技術操作上，例如：Prompting（提示工程）與 Fine-tuning（微調），前者讓我們將內心抽象的需求轉化為具體且明確的指令，後者則是強化 AI 在特定工作上的表現。

然而，除了掌握技術，心態設定同樣重要！

假如期望 AI 一開始就成為全知全能的助手，能完美執行任何任務，對於初學者來說幾乎不可能；但如果我們調整心態，先把日常工作切分成幾項小任務，每項小任務交給一位 AI 助手處理，不僅容易上手，還能快速享受到 AI 帶來的甜美果實。

就讓我們一起使用 ChatGPT 訓練個人專屬的行政小助理，熟練之後，就能反覆套用這個模式，讓每項瑣碎的行政工作都有一位專屬的 AI 助理，從此事半功倍！

善用GPTs打造專屬行政小助理

ChatGPT 是當前最熱門的生成式 AI 工具之一，而「GPTs」功能可說是讓 AI 從好玩邁向實用的直達電梯。

透過 GPTs 功能，我們可以為每一項行政工作量身訂製一個專屬的聊天機器人，它只為這項任務而生，因此能做得更精準、更完善、更符合我們的需求。

接著將介紹如何設定 GPTs 功能，訓練個人專屬的行政小助理。

操作步驟

STEP 1
快速掌握「建立模式」的操作方法

開啟 ChatGPT：我的 GPT 頁面（連結附於文末），點擊「建立 GPT」（此為付費方案功能），即可開始設計。

操作不必具備任何程式基礎，只需要用口語描述希望創建的功能。

畫面布局主要分為左右兩大區塊，右側是預覽區，呈現未來實際使用時的畫面，我們可以在此隨時進行測試，檢查是否有需要調整改善的地方。

左側的功能設定區還可以分為兩種設計模式：建立（Create）以及配置（Configure）。

在建立（Create）模式下，我們將與 ChatGPT 來回對話，讓 AI 一步一步引導我們完成設計。

舉例來說，ChatGPT 先主動提問：「請告訴我，您希望這個 GPT 具備什麼樣的行為或目標？」

我告訴它：「我想製作偵測錯別字的 GPT。」

ChatGPT 就會快速擬出相關指令以及預期呈現的功能，並且不斷地發問，確認它的理解與我們的實際需求一致。

ChatGPT 可能會這麼發問：

「我建議將這個 GPT 命名為：錯別字檢查助手。您覺得這個名字合適嗎？」

「您希望錯別字檢查助手在與您互動時，採取什麼樣的語氣和風格呢？」

除了回答它提出的問題，我們也可以提出其他的需求，例如：「如果發現簡體字，請特別標示出來。」以此新增 ChatGPT 原本沒有考量到的功能細節。

我們在左側功能設定區操作時，右側預覽區的畫面會隨之更新。在一來一往的問答中，將會逐步完善這個 GPT。

整體來說，建立（Create）模式偏向把設計的主導權交到 AI 手上，具有操作流程親民容易的優點，我們不必思考繁瑣的技術細節，大部分的問題都交給 AI 處理。

然而，建立（Create）模式的缺點也顯而易見，如果跟 AI 溝通不良，這個「對話」過程可能拉得很長，耗費更多時間。此時不妨切換到配置（Configure）模式，省略來回問答，直接完成所有的功能設定。

STEP 2
快速掌握「配置模式」的操作方法

在配置（Configure）模式下，我們將省略跟 ChatGPT 口語溝通的過程，直接針對指令、對話啟動器、知識庫等功能細節進行設定，請參考以下說明：

- 名稱（Name）：為這個 GPT 命名。
- 說明（Description）：簡單介紹功能。
- 指令（Instructions）：詳細輸入我們希望執行的動作、操作步驟以及具體的指令。可以使用條列式進行說明。
- 對話啟動器（Conversation starters）：預設一開始能立即使用的指令。
- 知識庫（Knowledge）：上傳可供 AI 學習與訓練的資料，檔案類型包含但不限於 Pdf、Excel、Word 等。
- 功能（Capabilities）：選擇是否開啟網頁搜尋、DALL·E 繪圖以及程式碼執行器等功能。
- 動作（Actions）：點擊「建立新動作」，就能執行串接第三方 API 等進階設定，如果不需使用，忽略這個功能即可。

其中，指令（Instructions）是整個功能設定區的核心，我們需要具體且明確地輸入指令，告訴 AI 如何執行任務。舉例來說，當我們設計偵測錯別字的 GPT 時，可以將指令設計如下：

輸入：

> 有可複製的指令範例

請幫助使用者辨識並更正錯別字，並遵循四個原則：
1. 用「」標示錯別字，提供更正建議，同時保留原句。
2. 使用專業語氣，提供簡潔的建議。
3. 僅限於更正錯字，不修改語句次序及結構。
4. 如果遇到不確定的情況，請主動向使用者確認。

在設計指令的過程中，別忘了隨時透過右側的預覽區做測試！

我們可以根據測試結果，觀察 AI 實際執行的情況，檢測還有哪些問題需要解決，將指令內容修改得更完善。

另外，**對話啟動器**指的是一進入 GPT 就能看到的指令按鈕，通常會設計為簡短易用的指令。以偵測錯別字的 GPT 為例，**對話啟動器**可以設定為「請偵測這篇文章內的錯別字」。未來每當我們進入這個 GPT，都會出現這個指令按鈕，節省手動打字的時間。

關於功能設定中的程式碼執行器和資料分析功能（Code

Interpreter & Data Analysis），乍聽之下像是只能用在程式設計，但它的應用層面其實相當廣泛，許多涉及數理計算、製圖製表或是數據分析的操作，都會用到這個功能。

　　整體來說，建立（Create）模式的操作容易，但只適合設計功能簡單的 GPT；配置（Configure）模式雖然稍顯複雜，卻能滿足更細膩、更全面的設計需求。

STEP 3 設定分享方式

　　設計完成後，點選畫面上方的「建立」（Create）就能完成存檔。

　　同時，我們也要決定如何分享這個 GPT，目前共有三個選項。

- **只有我**：僅供私人使用。
- **擁有連結的任何人**：可以透過連結，分享給同事或親朋好友使用。
- **GPT 商店**：公開發表到 OpenAI 的 GPT 商店，任何人都能搜尋到這個 GPT，並自由使用。

GPTs 配置模式的操作示意圖

ChatGPT-GPTs　　　　　　　　　　建立

功能設定區（建立／配置）

- 名稱：為這個GPT命名
- 說明：簡單介紹功能
- 指令：詳細輸入功能需求與指令　→ 指令應詳述 可用條列式
- 對話啟動器：預設幾個能立即使用的指令
- 知識庫：上傳檔案資料讓AI學習
- 功能：
  - ☐ 網頁搜尋
  - ☐ 畫布
  - ☐ 生成 DALL・E 圖像
  - ☑ 程式碼執行器和資料分析

若不希望ai隨意搜尋網路資料 可關閉 網頁搜尋

建立新動作

預覽區
(隨時試用)
(確認成果)

最後再次強調，大家試著把自己常常需要做的行政工作區分為幾項小任務，並為每項任務設計專屬的 GPT 助理。

期待大家都能組織一群專業、高效率的「AI 團隊」，全年無休為自己服務！

技巧再升級

技巧 1　激發想像，GPT 助理還有哪些功能？

除了上文介紹的偵測錯別字，GPT 助理還有許多新鮮有趣的應用，例如，我們可以設計一個專門整理名片資訊的 GPT 助理，或是讓它負責構思簡報大綱、安排旅遊行程，甚至還能擔任精通多國語言的外語家教。

技巧 2　使用別人設計的 GPTs

除了設計自己專屬的 GPT，我們還能在「GPT 商店」享受別人開發的工具（連結附於文末），內容涵蓋繪圖、文案寫作、程式設計等眾多領域。閒暇時不妨到 GPT 商店瀏覽一下，或許有意外之喜！

AI 小講堂

GPT商店常被稱為「AI版本的App Store」，如同我們在iPhone下載各種實用的APP，GPT商店也有許多別人精心研發的工具，滑鼠一點，就能直接取用。

根據統計，OpenAI推出GPT商店之後，短短幾個月時間就累積了超過300萬個GPT作品，藉由全球不同產業、不同領域使用者腦袋裡的無限創意，即使是剛接觸生成式AI的新手也能站在巨人的肩上，輕鬆享用甜美的果實。

實用工具連結

ChatGPT：我的 GPT 頁面

ChatGPT：GPT 商店頁面

Chapter 2 活動執行力

8 快速搞定國外差旅行程／ChatGPT

「Hi，Nicole，下個月我要到矽谷開會，詳細地點晚點傳給妳，記得是在聖塔克拉拉大學附近，請妳幫忙安排一下行程。」

接到老闆的電話，祕書 Nicole 趕緊拿起筆記本 Standby，「沒問題，請問您安排哪一天出發跟回國？」

「我預計 10 月 15 號出發，19 號回來。另外我想在當地自己開車，順便幫我處理一下租車的事。」

「了解，請問有其他需要注意的地方嗎？」

「對了，我記得那一區有間樂高專賣店，請妳確認一下在哪裡，我想順便帶個禮物給我兒子。」

「好的，我會儘快安排好行程給您確認！」

掛上電話後，Nicole 立刻打開筆電搜尋機票跟住宿，還不忘嘆了口氣。幫老闆安排國外的行程頗耗費時間，不僅要完美安排航班、住宿和租車，還得在密集的開會行程中妥善塞進老闆的「私人行程」，更是考驗著祕書的智慧。

Nicole 忽然想到，現在的 AI 工具或許能幫助她解決這些繁瑣問題。如果能用 AI 自動搜尋比對機票和住宿選項，並考量不同行程的地理位置，規劃出最方便的路線，豈不是能大幅減少人工安排的時間？

ChatGPT幫你搞定國外差旅行程

旅遊業引入 AI 技術已久，許多旅遊公司利用 AI 建立客服機器人，或是設定更聰明的比價機制，讓旅客享有更棒的服務體驗。而對於自主安排行程的旅客來說，AI 能迅速根據使用者輸入的地點，一站式提供關於機票、住宿、租車等旅程安排建議。

以下將介紹 ChatGPT 的「KAYAK - Flights, Hotels & Cars」功能，分享生成式 AI 帶來的全新差旅規劃體驗！

操作步驟

STEP 1
草擬行程重點

在跟 AI 對話之前，我們必須先思考出國的行程細節，描述得愈詳細，AI 安排的行程就能愈貼近我們的需求。

舉例來說，如果 Nicole 只有輸入「請幫我安排前往美國聖塔克拉拉大學附近開會的機票與住宿」，因為描述得太簡略，AI 很難依照指令安排行程，即便給出回覆，也很可能語焉不詳，漏洞百出。

　　當然，我們也沒必要長篇大論說明所有行程，大家可以參考以下清單，依照實際需求，簡單條列出重要資訊即可。

- **重要行程地點**
  - 地點一、日期、時間
  - 地點二、日期、時間
  - 地點三、日期、時間
- **航班**
  - 出發地：預計從哪個城市、哪個機場出發
  - 目的地：預計前往哪個城市、哪個機場
  - 去程與回程日期
  - 人數：幾位成人、幾位小孩
  - 特殊需求：預算範圍、指定航空公司或艙等
- **住宿**
  - 住宿地點：哪個城市或特殊地標附近，範圍幾公里
  - 入住與退房日期
  - 人數：幾位成人、幾位小孩
  - 特殊需求：預算範圍、飯店星級、評價幾顆星以上、

附贈早餐

- **交通接駁**
  - 大眾交通（地鐵和巴士）或是租車
  - 借還車日期與地點
  - 特殊需求：機場接送服務、租車車型（Economy、Compact、SUV、Luxury 等）

STEP 2
請 AI 安排差旅行程

開啟 ChatGPT 的「KAYAK - Flights, Hotels & Cars」功能（連結附於文末）。

KAYAK 是一個提供比價與預訂服務的網站，喜愛自由行的人應該對這個工具不陌生，它的運作邏輯跟我們常見的 Agoda、Booking.com 等訂房網站類似，我們可以根據地點及預算，快速篩選出合適的機票、住宿及租車服務。

藉助 AI 之力，KAYAK 在 ChatGPT 上建立了自家公司的 GPT 工具，使用者可以用更簡便、更口語化的方式，輕鬆取得旅程建議。

接著，請輸入前一步驟擬好的行程重點，舉例來說，Nicole 將老闆的出差行程轉為以下指令：

輸入：

請安排以下前往美國矽谷的行程，並根據「重要行程地點」的位置，推薦當地的住宿及租車服務。

- 重要行程地點
    » Santa Clara Convention Center、2024/10/16 10am
    » San Jose McEnery Convention Center、2024/10/17 10am
- 航班
    » 出發地：台灣桃園國際機場
    » 目的地：美國舊金山機場
    » 去程與回程日期：10/15、10/19
    » 人數：1 位成人
    » 特殊需求：指定商務艙
- 住宿
    » 住宿地點：鄰近重要行程地點
    » 入住與退房日期：10/16、10/19
    » 人數：1 位成人
    » 特殊需求：評價 8 顆星以上
- 交通接駁
    » 安排租車，借還車地點應鄰近舊金山機場

（有可複製的指令範例）

» 借還車日期：10/16、10/19

ChatGPT 回答：

● 航班：

1. 菲律賓航空

　去程：10 月 15 日 17:20 出發，10 月 16 日 20:50 抵達（1 次轉機：馬尼拉）

　回程：10 月 19 日 23:50 出發，10 月 21 日 08:45 抵達（1 次轉機：馬尼拉）

　價格：$2,270

　預訂連結：點擊這裡

2. 長榮航空

　去程：10 月 15 日 19:40 出發，10 月 15 日 16:00 抵達（直飛）

　回程：10 月 19 日 13:00 出發，10 月 20 日 17:30 抵達（直飛）

　價格：$4,596

　預訂連結：點擊這裡

3. 聯合航空

　去程：10 月 15 日 12:10 出發，10 月 15 日 08:45 抵達（直飛）

回程：10 月 19 日 23:45 出發，10 月 21 日 04:05 抵達（直飛）

價格：$4,614

預訂連結：點擊這裡

- 住宿：

1. Santa Clara Marriott

評分：8.4/10

價格：每晚 $377

預訂連結：點擊這裡

2. San Jose Marriott

評分：7.8/10

價格：每晚 $367

預訂連結：點擊這裡

3. Aloft Santa Clara

評分：8.7/10

價格：每晚 $219

預訂連結：點擊這裡

- 租車：

1. Intermediate SUV

價格：每日至少 $74

預訂連結：點擊這裡

> 2. Economy
> 價格：每日至少 $87
> 預訂連結：**點擊這裡**
> 3. Compact
> 價格：每日至少 $88
> 預訂連結：**點擊這裡**

我們可以從 ChatGPT 的回答觀察到，AI 很快速地根據 Nicole 的指令，推薦一系列機票、住宿及租車的選項，甚至一部分的飯店及旅館，還會附上圖片說明裝潢風格。

對於我們有興趣的選項，只要點擊預訂連結，也就是畫面中「**點擊這裡**」的文字，就能進一步瀏覽更詳細的資訊。

STEP 3 延伸發問

我們可以從 ChatGPT 的摘要回覆中，初步掌握不同選項的價格差異，如果臨時想到其他特殊需求，諸如不想轉機，或是每晚住宿費用上限等條件，都能隨時請 ChatGPT 提供新的建議。

舉例來說，Nicole 想起老闆特別提到，這次要順便到附

近的樂高專賣店幫兒子買禮物。以前遇到這種要求，Nicole 習慣用關鍵字在網路上爬文，現在直接請 ChatGPT 搜尋地點更加快速。

輸入：
請搜尋行程地點附近的樂高專賣店

ChatGPT 回答：
在矽谷附近有兩個樂高專賣店可以參觀：
- Westfield Valley Fair LEGO Store
    - » 地址：2855 Stevens Creek Boulevard, Santa Clara, CA 95050
    - » 距離 Santa Clara Convention Center：約 15 分鐘車程
    - » 距離 San Jose McEnery Convention Center：約 20 分鐘車程
- LEGOLAND Discovery Center Bay Area
    - » 地址：870 Great Mall Drive, Milpitas, CA 95035
    - » 距離 Santa Clara Convention Center：約 20 分鐘車程
    - » 距離 San Jose McEnery Convention Center：約 25 分鐘車程

Nicole 立刻拿到了兩間樂高專賣店的地址，AI 甚至還貼心附上距離開會地點的車程估算，方便老闆在忙碌的行程中撥空造訪。

STEP 4 驗證資訊的正確性

　　雖然 AI 安排差旅行程又快又詳盡，但千萬別忘了，付費之前還是要重新檢查一遍資料的正確性！例如時間、人數、價格等細節是否有誤，要是盲信 AI 的建議，結帳後才發現金額多了一個 0，那就真的是欲哭無淚了！

　　唯有親自進行最終驗證，才能確保每次行程順利無憂！

技巧再升級

技巧 1　善用超連結

　　ChatGPT 的「KAYAK - Flights, Hotels & Cars」功能通常在每個航班或住宿選項後方都會附上超連結，可能顯示為「點擊這裡」，有時也會以預訂連結或是標題搭配 URL 的方式呈現。

值得一提的是，這個超連結隱藏了一個小巧思。當我們點選它進入機票、住宿或是租車的系統時，AI 將會自動填入日期區間以及人數等詳細條件，無形中節省不少手動輸入的時間，值得好好運用！

AI 小講堂

旅遊業正嘗試用AI翻轉所有人的旅行體驗，除了旅客最在意的「優惠比價」，給出創意吸睛的行程推薦也是生成式AI的強項之一。

KAYAK除了推出本文介紹的GPT工具，還另外運用機器學習與AI技術，開發一個名為「Ask Kayak」的網站，為自由行的旅客提供豐富的旅遊靈感。只要輸入一、兩個關鍵字，例如：「陽光綠地、3,000美元以下的家族旅遊」或是「觀賞世界名畫，機票1,000美元以下」，就能獲得旅遊地點推薦，以及相關的航班與住宿資訊，頗為新鮮有趣。

實用工具連結

KAYAK - Flights, Hotels & Cars

Ask KAYAK

9 用 AI 安排國內員工旅遊行程／
Gemini

　　即將迎來一年一度的員工旅遊，祕書 Ivy 召集同事們一起討論行程，跟平常死氣沉沉的會議不同，大家都興奮地提供意見。

　　「我提議這次去海邊玩！上次登山之旅真的累壞了，這次換個輕鬆的好不好？」

　　「海邊不錯啦，但能不能安排個博物館或美術館，現在這麼熱，找個有冷氣的地方，感受一下文化氣息也不錯吧。」

　　「我推薦刺激的，像是高空彈跳或飛行傘。」

　　「不行不行，我有懼高症，還是美食之旅更好，我們這些社畜最適合參加品酒會了！」

　　一群人圍坐在會議桌旁，七嘴八舌地提供意見，祕書 Ivy 一邊跟大家説説笑笑，同時提筆寫下每則建議。但看著大家意見分歧的「願望清單」，Ivy 默默想著：「大家的意見也太複雜了，該怎麼安排行程呢？」

　　身為員工旅遊的負責人，為了盡力滿足大家的期望，Ivy

總要花上許多時間翻閱一篇又一篇的網路文章、部落格資料或是旅遊 Youtuber 的推薦，來挑選適合的景點及住宿。

「有沒有更輕鬆、更有效率安排旅程的方法呢？」

用Gemini安排國內旅遊行程

「Gemini」是一款由 Google 推出的協作型人工智慧，它能整合 Google 旗下的應用程式和服務，例如 Google 地圖、Google 飯店，針對我們提出的需求，擷取即時資訊，提供員工旅遊行程的建議。

接著將要介紹，如何以 5 個步驟用 Gemini 安排一趟令人滿懷期待的員工旅遊！

操作步驟

STEP 1
列出需求與期望

一開始先別著急跟 AI 對話，為了讓 AI 準確掌握我們的需求，除了列出所有人對於這趟旅程的期望，最好也一併提供人數、日期等基本條件，以利 AI 分析、安排最適合的方案。

如果你不清楚 AI 需要哪些資訊，不妨參考以下的清單，思考該如何對 AI 下指令。

- 基本條件
    - » 目的地：定點深度旅遊、橫跨多縣市的行程
    - » 預算：總預算或單人預算上限
    - » 總天數
    - » 出發地點
    - » 總人數：幾位成人、幾位小孩
    - » 年齡層分布：有利於 AI 安排合適的活動
- 景點偏好
    - » 自然風光（山林、海邊、溫泉）
    - » 美食之旅（高級自助餐、親子餐廳、夜市小吃）
    - » 戶外活動（露營、高空活動、水上活動、主題樂園）
    - » 人文歷史（展覽、博物館、美術館）
- 住宿與交通
    - » 飯店或民宿：評價幾顆星以上
    - » 交通方式：高鐵、火車、遊覽車
- 特殊需求
    - » 素食或特殊飲食習慣
    - » 是否需要安排自由活動時間
    - » 是否需要安排 Team Building 活動
    - » 是否有必去的景點或活動

STEP 2
Gemini 安排旅遊行程

首先,請在瀏覽器開啟「Gemini」(連結附於文末)。

Gemini 是一款生成式 AI 聊天機器人,以日常對話的方式提出需求,就能幫我們處理工作與生活中的大小事。

現在,我們可以將前一步驟整理的旅程需求告訴 Gemini,請它幫忙安排行程。需要注意的是,住宿的安排將使用另一個功能,因此留待下一步驟再處理。

舉例來說,Ivy 可以將同事們的意見,整理為以下指令:

有可複製的指令範例

輸入:

假設你是一位導遊,請依照以下條件,幫我擬定三天兩夜、前往台灣中南部的旅遊計畫。

- 基本條件
    - » 目的地:請安排同一縣市的行程
    - » 預算:每人每日預算約 5,000 元
    - » 總天數:三天兩夜
    - » 出發地點:台北
    - » 總人數:15 位成人
    - » 年齡層分布:35 至 60 歲之間

- 景點偏好
    » 安排博物館或美術館
    » 安排一個可以品酒的景點
    » 請不要安排高空彈跳、飛行傘等高空活動
- 交通
    » 交通方式：高鐵或火車
- 特殊需求
    » 安排一個自由活動時間

Gemini 回答：

- 第一天：藝術與文化之旅

    上午：
    - 我們將從台北搭乘高鐵南下，抵達台中。
    - 接著，我們前往國立自然科學博物館，探索自然奧祕，欣賞豐富的動植物、地質和人類學展覽。

    中午：
    - 在科博館附近的特色餐廳享用午餐，品嚐台中在地美食。

    下午：
    - 前往國立台灣美術館，欣賞台灣現代藝術的精采作品，感受藝術氛圍。

- 傍晚時分，安排自由活動時間，讓大家可以自行探索周邊的草悟道商圈、勤美誠品綠園道，或在飯店稍作休息。

晚上：
- 在台中市區的知名餐廳享用晚餐，宵夜則是品嚐夜市小吃。

- 第二天：品酒與文化之旅

上午：
- 我們將前往霧峰林家宮保第園區，參觀這座台灣規模最大的清代建築群，了解霧峰林家的歷史與文化。

中午：
- 在霧峰林家附近的餐廳享用午餐，品嚐在地風味餐。

下午：
- 前往霧峰酒莊，參觀酒莊的釀酒過程，並品嚐各種在地釀造的美酒，享受微醺的午後時光。

晚上：
- 返回台中市區，在精選的餐廳享用晚餐，品嚐台中特色美食。

- 第三天：自然與人文之旅

    上午：

    - 我們將前往高美濕地，欣賞這片美麗的海岸濕地生態，觀賞豐富的鳥類和螃蟹等生物。
    - 如果時間允許，還可以前往彩虹眷村，欣賞充滿童趣的彩繪巷弄。

    中午：

    - 在高美濕地附近的餐廳享用午餐，品嚐新鮮海產。

    下午：

    - 結束愉快的旅程，搭乘高鐵返回台北。

　　我們可以看到，Gemini 迅速根據我們的指令，安排出三天兩夜的行程草案。仔細研究它安排的景點，不難發現，AI 細緻地將我們列出的博物館與品酒等願望都囊括其中，也同時滿足「限制在同一縣市」的要求。

　　此外，AI 還會依照實際情況，初步估算食宿與門票費用，或是主動提醒一些當地旅遊的注意事項，礙於篇幅較長，上文並未全部展示出來。大家實際操作時，不妨參考一下 AI 的提示。

STEP 3
Gemini 推薦住宿地點

接著，我們請 AI 根據三天兩夜行程的景點，安排合適的住宿，指令如下：

> **輸入：**
> @Google 飯店 @Google 地圖
> 請根據以上行程各個景點，安排距離適當的飯店或民宿。

如此一來，Gemini 就會綜合考量所有景點的地理位置，推薦一系列距離近、交通便利的飯店或民宿。當然，我們也能預先在指令中設定預算（每人每晚多少錢）或是評價（Google 評價幾顆星以上），讓 Gemini 篩選出更合適的住宿地點。

值得一提的是，當我們在指令中提及「@Google 飯店」、「@Google 地圖」、或是「@Google 航班／機票」，就能在對話中使用該項 Google 應用程式，取得更深入、即時、完善的回覆內容。

STEP 4 延伸提問

如果突然想到任何需求，我們都能隨時發問，請 Gemini 再次調整旅遊規劃。例如：

- **安排精細的流程表**：輸入指令，「請以 1 小時為單位，重新整理以上行程」。
- **彙整當地計程車的聯絡方式**：輸入指令，「@Google 地圖　請搜尋景點（或車站）附近的計程車行電話」。
- **製作景點導覽清單**：先前 Gemini 擬定的三天兩夜行程中，提到不少景點的名稱，卻缺乏進一步的導覽與說明。輸入指令，「@Google 地圖　請為以上景點，附上來源（URL）、地址以及摘要說明」，即可取得一份景點導覽清單，讓同事們對於這趟旅程有更多認識。

STEP 5 檢查正確性

透過以上 4 個步驟，不僅成功平衡每位同事的需求與期望，更在短時間內產出了一份三天兩夜的員工旅遊規劃。

最後別忘了，務必親自檢查一遍資料的正確性，才不會因為 AI 的失誤，意外釀成大錯唷！

技巧再升級

技巧 1　一鍵製作旅遊手冊

我們可以先請 Gemini 整併 STEP 2 的旅遊行程、STEP 3 的住宿地點以及 STEP 4 的景點導覽清單，再點選「分享與匯出」轉為 Google 文件，即可快速完成一份條理清晰的旅遊手冊，分享給老闆與同事，讓大家對於這趟旅行充滿期待吧！

Gemini 一鍵製作旅遊手冊

Gemini

😊 請整併以上旅遊行程、住宿地點、以及景點導覽清單

Google Workspace

◎ 第一天：藝術與文化之旅
上午：
- 我們將從台北搭乘高鐵南下，抵達台中。
- 接著，我們前往國立自然科學博物館‥‥‥

◎ 第二天：品酒與文化之旅
‥‥‥

◎ 以下是符合您條件的飯店：
經典飯店 A：內附免費 Wi-Fi、健身房和室內泳池。評分：4.3 顆星
經典飯店 B：‥‥‥

◎ 景點資訊：
國立自然科學博物館‥‥‥
霧峰林家宮保第園區‥‥‥

分享與匯出

對話框

歷史記錄區

實用工具連結

Gemini

10 一人包辦康樂活動（一）：用 AI 繪製賀卡／Microsoft Designer

「Ashley，妳在找什麼？看妳盯著螢幕好一陣子了。」

Jason 走近 Ashley 的座位旁，好奇地問道。

「唉，是 Marvin 的生日卡片啦，在網路上挑了好久，但看起來都有點老氣。」

原來這次輪到 Ashley 負責處理老闆 Marvin 的生日賀卡。她在網路上找了幾種版本，但是同事都覺得不夠特別，讓她感到頗為困擾。

Jason 提議說：「妳可以自己動手設計呀！獨一無二，大家肯定喜歡。」

「哪有那麼簡單，我又不懂繪圖軟體，更別說設計了。」

Ashley 有些無奈，自己從小就沒有藝術細胞，也不太可能為了畫張賀卡，就花大把時間從頭學習繪圖軟體。該怎麼辦呢？

Jason 自告奮勇說：「別擔心，我來幫忙！現在很多 AI 繪圖軟體，功能豐富，又容易學，還能加入一些客製化的創

意圖案，用 AI 製作生日卡片，Marvin 肯定會喜歡的！」

於是兩人圍坐在電腦前，一邊腦力激盪卡片上該有哪些元素，一邊對 AI 下指令⋯⋯

Microsoft Designer高速產出生日賀卡

「Microsoft Designer」是一款由微軟推出的 AI 平面設計工具，不僅能製作常見的邀請函、傳單、明信片，還能做 AI 影像編輯，或是用 AI 繪圖功能，創作多樣化的平面設計作品。

更重要的是它的操作簡便，哪怕是 AI 小白也能輕鬆化身為設計大師，彈指之間就完成一張精美的生日賀卡！

操作步驟

STEP 1
快速掌握 Microsoft Designer 的基礎功能

先前往 Microsoft Designer 官方網站（連結附於文末），首次使用需要註冊一個微軟帳號，登入後就能免費使用。

系統提供許多創作類型讓使用者挑選，例如：影像、賀卡、社交媒體文章、邀請函等。

開始創作前，我們需要預先選定創作類型，這麼做的好處是，Microsoft Designer 會自動判讀，並套用最合適的版型、尺寸及格式，讓我們免除許多設定上的煩惱。

雖然畫面上有「建立賀卡」（greeting-cards）的功能可以挑選，但根據經驗，目前使用起來較不方便，因此我們選用「建立影像」（image-creator）的功能來創作生日賀卡。

操作方式非常簡單，請在輸入指令的欄位，簡單用一至兩句話描述自己想要設計的主題，並點選「產生」即可。

舉例來說，Ashley 想請 AI 畫一張給老闆 Marvin 的生日賀卡，可以先將大小設定為「寬（1792x1024）」，讓尺寸較接近常見的賀卡樣式，並輸入指令如下：

輸入：
> 一群同事正在慶祝生日，色調溫暖，剪紙風格。

接著 AI 將會一次生成四張圖片，選擇自己心儀的圖片，點選「編輯」，就能跳轉到手動編輯的介面，繼續新增文字，或是調整版面設計的細節。

如果對於指令沒有靈感，Microsoft Designer 網站上也有許多精美的範本可供參考，將游標移至範本上方，就會出現該範本使用的指令，我們可以挑選自己覺得賞心悅目的作

品，套用和調整。透過這種模仿學習的方式，初學者也能快速上手，激發創意。

STEP 2
手動編輯賀卡──文字排版

點選「**編輯**」進入手動編輯介面後，就能進一步調整賀卡的細節。畫面主要分為中央的**圖片編輯區**以及側邊的**工具列**。

圖片編輯區可以調整前一步驟由 AI 繪製的圖片，在上方新增文字、修改顏色、調整排版位置等。

工具列有以下幾項功能：

- **編輯**：移除背景、裁切尺寸、套用濾鏡，以及調整亮度或對比度等圖片編修功能。
- **文字**：新增文字，調整文字設計風格。
- **標記**：新增手繪線條。
- **我的媒體**：從電腦或雲端硬碟上傳圖片。
- **視覺效果**：新增插畫或照片，以及 AI 繪圖功能。
- **圖層**：調整不同圖層的排列順序。

此時我們要使用「文字」功能，新增幾句祝福壽星的話。

Ashley 已經蒐集好同事們想對老闆 Marvin 說的內心話，把文字放到卡片上，並排放到合適的位置。

STEP 3
手動編輯賀卡——新增圖案

完成文字排版後，還能使用「視覺效果」功能，新增一些圖案，像是壽星喜歡的甜點、他的寵物或是喜歡的運動，讓收到賀卡的人會心一笑。

Ashley 記得老闆 Marvin 特別寵愛家裡的貓，想在賀卡加上 Q 版的貓咪貼圖。於是依序點選「視覺效果」、「產生」，並輸入指令如下：

輸入：
毛茸茸的可愛小貓，手繪風格

這樣畫面上就會出現由 AI 繪製的貓咪貼圖，再將它調整到合適的位置即可。

Microsoft Designer 視覺效果功能說明

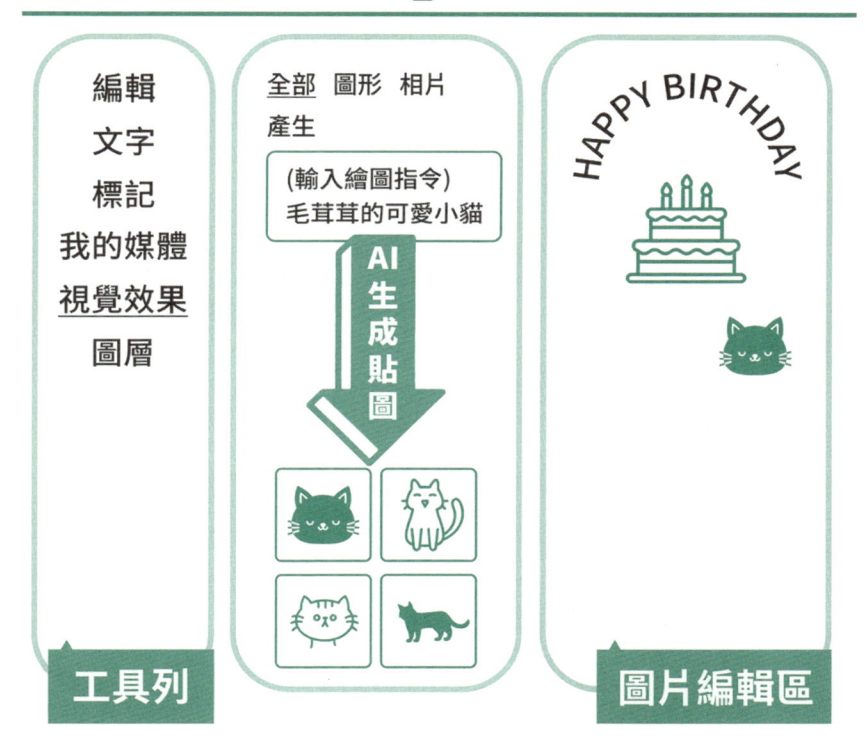

Microsoft Designer 　下載

工具列
- 編輯
- 文字
- 標記
- 我的媒體
- 視覺效果
- 圖層

全部　圖形　相片　產生

(輸入繪圖指令)
毛茸茸的可愛小貓

↓ AI生成貼圖

圖片編輯區

HAPPY BIRTHDAY

值得一提的是，雖然這項操作也可以在 STEP 1 執行，但是根據經驗，想要把腦中所想的複雜構圖全部交由 AI 一次完成，反而容易弄巧成拙，效果不彰。

因此建議 STEP 1 的繪圖指令精簡就好，一些精細的圖樣或插畫留待到 STEP 3 時再用「視覺效果」功能補充進來，反而是省時省力的做法。

STEP 4
匯出與分享

藉助 AI 之力，Ashley 在很短的時間內設計出一張精美的生日賀卡，既不流於通俗，又加入客製化的設計表達心意，真是太棒了！

接著只要點選畫面上方的「下載」，就能以 JPG、PNG 或是 PDF 格式儲存檔案，也能用 QR code 將檔案傳送到手機的相簿，相當便利。

Microsoft Designer 生日賀卡範例

最後提醒一件事，如果想將 AI 創作的成果拿來商用可得小心，別踩到 AI 著作權的地雷！舉例來說，本文介紹的 Microsoft Designer、知名設計平台 Canva 或是其他 AI 繪圖軟體，都有一些針對生成式 AI 的使用條款，說明如何授權商用，例如，「付費用戶才能商用」就是一種常見的方式。

此外，AI 屬於新崛起的技術，法律層面還有一些灰色地帶，相關條款也時常變動，拿來盈利之前要先確認清楚，才不會衍生出麻煩的法律爭議。

技巧再升級

技巧 1　更多延伸用途

　　這次我們創作的是生日賀卡，但是 Microsoft Designer 還有許多不同的用途，例如：插畫圖案、社交媒體貼文、邀請函、海報、小孩喜歡的空白著色簿，全部都能交由 AI 創作，甚至連風靡一時的禪繞畫也能輕鬆生成！

　　操作方式都跟上文介紹的雷同，只要記得在 STEP 1「建立影像」（image-creator）的步驟改為挑選其他的設計用途，即可讓 AI 幫我們設計出美觀又實用的作品，不妨多多嘗試。

AI 小講堂

平面設計是工作中難免會遇到的行政事務，如果以前沒有學過相關專業技能，想親手完成賀卡、海報，甚至網頁裡的Banner等設計工作，可說是非常困難。幸好現在許多知名的平面設計軟體開始大量導入AI技術，讓操作與應用變得親民、易於上手，Microsoft Designer就是一例。

或許在專業平面設計人的眼中，這些AI工具的功能還不夠成熟，難以創作複雜度高的作品，但是AI工具真正的價值在於，能帶領初學者在極短的時間內完成一份符合工作需求，甚至遠超過預期的作品，這些放在以前是難以想像的。

如今藉助AI之力可以突破技術藩籬，我們更能將內心的想法付諸實現了！

實用工具連結

Microsoft Designer

11 一人包辦康樂活動（二）：用 AI 製作配樂／Suno

　　任職於外商公司業務部的 Ben 正埋頭在桌上一堆散亂的活動企劃書中，為即將舉辦的 Team Building 活動忙碌籌備。

　　起因是總經理注意到，公司近期持續招募新人，但是新舊成員之間因為價值觀差異而產生隔閡。為了提升團隊的向心力，他指派資深員工 Ben 負責籌劃這場活動。

　　Ben 仔細檢視活動流程，有實境解謎和團康活動，但總覺得少了點什麼……原來是能夠帶動氣氛的活動配樂！

　　就在 Ben 為此皺眉苦思的時候，同部門的 Jeff 關心地問道：「怎麼啦？看你好像有點困擾。」

　　「是總經理交辦的 Team Building 啦，我需要一些特別的背景音樂來配合活動，但一直找不到適合公司氛圍的曲子。」

　　「你有沒有想過用 AI 來創作音樂呢？我聽說最近有些 AI 工具可以根據活動需求生成音樂，說不定能幫上你的忙。」

聽完 Jeff 的建議，Ben 頓時眼前一亮。這個主意真不錯！如果能用 AI 客製化音樂的風格和情緒，讓配樂更符合活動主題與氛圍，這次的 Team Building 肯定會更精采！

Suno創作獨特的活動配樂

如今的 AI 已經會自動譜曲、填詞甚至演唱了。即使沒有受過任何音樂訓練，也能搖身一變成為音樂製作人，享受與音符共舞的樂趣。

以下將介紹如何使用「Suno」，這款 AI 工具能為活動製作專屬的配樂，用音樂迅速炒熱現場氣氛，讓所有人 High 翻天！

操作步驟

STEP 1

快速掌握 Suno 的基本操作

「Suno」是一款線上音樂創作平台，運用人工智慧技術，使用者只需要用簡單的口語描述，就能完成旋律、節奏、歌詞和演唱，快速生成一首原創歌曲。

進入 Suno 官方網站之後（連結附於文末），我們需要先用 Google 或是 Microsoft 信箱註冊一個免費帳號，然後

就能開始作詞作曲囉！

　　Suno 的介面主要分為左側的設定列，以及右側的音樂列表與歌詞區。我們主要使用設定列的「Create」功能創作，AI 生成的音樂與歌詞會顯示在右側的音樂列表與歌詞區。

　　用 AI 創作音樂其實與 AI 繪圖的原則類似，不外乎「下指令、取得成果」兩個步驟。Suno 的操作也是如此，我們首先描述自己想生成的音樂類型，例如：

- 請生成一首中文抒情歌曲，描述一個人在雨中漫步，排遣失戀的情緒。
- 請創作一首流行歌曲，描述一位運動員經過多年的刻苦訓練，最終在奧運奪得金牌的喜悅。

　　寫完指令後，再點選「Create」，AI 就會自動生成一段數分鐘的歌曲，然後就可以點擊播放來聆聽，使用流程非常簡便。

　　除此之外也能開啟「Custom」（客製）模式，用來調整曲風等較為精細的設定。

Suno 客製模式操作示意圖

SUNO

設定列:
- Home
- Create
- Library
- Explore
- Search

簡易/客製模式:
- Custom
- Instrumental（純音樂）

Lyrics
簡短描述使用情境或歌詞意境

Style of Music
設定音樂風格(曲風)

Persona
角色(重複套用人聲/風格/氛圍)

Title
為這首音樂命名

♫ Create

音樂列表：
曲目1
曲目2
曲目3
⋮

歌詞區

更多功能 (Reuse Prompt)

[Verse]
我們邁步向前走
每一步都在心中
不怕風雨和挑戰
為夢想追逐到終
[Verse 2]
彼此扶持不孤單
······

一人包辦康樂活動（二）：用AI製作配樂／Suno

STEP 2
分析歌詞結構

如果我們仔細觀察歌詞區的內容，可以發現除了歌詞以外還有一些括號標註的文字，例如：〔Verse〕或是〔Chorus〕，這些文字稱為「元標籤」（Meta Tags），作用是切分歌詞的結構，並且定義該段音樂的風格，概念上類似於所謂的主歌與副歌之分。

舉例來說，Ben 想要創作一首適合公司 Team Building 活動的配樂，因此輸入以下指令：

輸入：

請生成一首中文流行歌曲，描述一群人為了同一個目標共同奮鬥，音樂在輕鬆的氛圍中，略帶振奮人心的節奏。

Suno 生成歌詞：

歌名：一起追光

〔Verse〕

我們邁步向前走

每一步都在心中

不怕風雨和挑戰

為夢想追逐到終

〔Verse 2〕
彼此扶持不孤單
一起闖過困難關
心跳和節拍共鳴
團結讓未來更亮

〔Chorus〕
追光的夢一步步接近
團結的力量帶來勇氣
心中那份信念不會變
一起迎接光明的晨曦

〔Verse 3〕
汗水和笑聲交織
我們用心去堅持
彼此眼中的希望
照亮一切的誓言

〔Chorus〕
追光的夢一步步接近

團結的力量帶來勇氣
心中那份信念不會變
一起迎接光明的晨曦

〔Bridge〕
在這旅程不再孤單
我們手牽手勇敢向前
彷彿夢想就在眼前
未來由我們來書寫

Suno 生成的歌詞中，常見以下幾種元標籤：
- Intro：序曲、前奏。
- Verse：主歌。
- Pre-chorus：導歌，旋律稍有變化，用於銜接主歌與副歌。
- Chorus：副歌，通常會重複數次，是畫龍點睛之處，也是最具情緒渲染力的部分。
- Interlude：間奏，通常是短暫的純音樂旋律。
- Bridge：歌曲轉折之處，常會引進新的歌詞或旋律。
- Outro：終曲、尾奏。

運用元標籤來填寫歌詞，以更細膩的方式下指令，能讓歌詞內容更貼合需求。當然，我們也可以不處理這些細節，全交由 AI 代勞。

STEP 3
ChatGPT 撰寫歌詞

歌詞除了可以讓 Suno 自動生成，也可以請 ChatGPT 填歌詞。

為了讓 ChatGPT 創作的歌詞能夠順利套用到 Suno 上面，就得派元標籤上場了。我們可以這麼對 ChatGPT 下指令：

輸入：

假設你是一位專業的音樂製作人，請創作一首中文歌曲，描述一群人為了同一個目標共同奮鬥，在輕鬆的氛圍中，又不失振奮人心的效果。

歌曲結構請使用：〔Verse1〕、〔Chorus〕、〔Verse2〕、〔Bridge〕、〔Chorus〕、〔Outro〕。

ChatGPT 回答：

〔Verse 1〕

我們在彩色的世界中起舞

每一步都刻畫著未來的痕跡

同一夢想,拉近了彼此的距離

在這旅途中,不孤單,因你而精采

〔Chorus〕

手拉手,共創未來的畫卷

風雨中也不放棄

心與心的橋梁,因夢想而堅強

在這裡,我們是一家人

〔Verse 2〕

時光流轉,故事在每一面牆上綻放

一笑一淚,都是這美麗長卷的一章

昨日的汗水,今日變成甘露

滋養心田,讓希望不斷地生長

〔Bridge〕

看那夕陽如火,燃燒著天際

照亮我們共同的方向

不怕困難,不怕風霜

只要你在,就有無限的力量

〔Chorus〕
手拉手，共創未來的畫卷
風雨中也不放棄
心與心的橋梁，因夢想而堅強
在這裡，我們是一家人

〔Outro〕
夢想的色彩，不褪色的承諾
一起走過的，將是永恆的記憶
在這裡，我們共同譜寫傳奇

我們可以觀察到，相較於 Suno 生成的內容，ChatGPT 創作的歌詞更為靈動流暢，層次也比較豐富。

最後存下 ChatGPT 的歌詞，填入 Suno 的 Lyrics（歌詞區），即可完成一首優美的歌曲。

STEP 4
Suno 切換不同曲風

　　如果你喜歡 AI 寫的歌詞，卻覺得旋律與節奏不太合，那可能是曲風出了問題。別擔心，Suno 可以輕鬆切換不同的曲風。

　　在歌詞區點選「Reuse Prompt」複製歌詞，並且在「Style of Music」欄位將曲風修改為藍調（Blues）或是重金屬搖滾（Heavy Metal），即可嘗試同一份歌詞套用不同曲風的樣貌。

　　最後，儘管 Suno 讓音樂創作變容易，我們在享受高效率 AI 技術之餘，也得留意版權問題，特別是要把 AI 音樂作品用於商業盈利的時候。

　　創作 AI 音樂的工具眾多，不只 Suno 一家，每個工具的規範都有差異，有些標榜無版權疑慮且可直接商用，有些則需要付費。在投入商業用途之前應仔細確認該項工具的服務條款或協議，才能免除侵權的疑慮。

技巧再升級

技巧 1　如何創作無人聲的配樂？

開啟畫面中的「Instrumental」（器樂）功能，就能生成純樂器演奏的音樂。

技巧 2　如何激發 AI 音樂指令的靈感？

對於初學者來說，發想 AI 音樂指令要比用 AI 繪圖更難。因為我們並不熟悉音樂術語，不知道要用什麼詞彙來形容心儀的曲風。遇到這種情況的時候別擔心，只要在「Sonoteller.AI」的網站（連結附於文末）貼上自己喜歡歌曲的 YouTube 連結，它會自動分析這首歌有哪些音樂風格，這樣就能蒐集到許多有用的 AI 音樂指令了！

AI 小講堂

音樂，一直是人類享有的獨特藝術，早在唐宋時期就有「倚聲填詞」之說。時至近代，創作流行音樂該怎麼寫詞、如何譜曲等等，依然長期被視為專業人士的技能。

隨著AI崛起，音樂創作的門檻大為降低，讓普通人也能完成過往認為不可能的任務。你想在歌曲中融入特別的回憶，為同事準備一份獨一無二的升職禮物？現在有了AI，輕輕鬆鬆就能實現。

實用工具連結

SUNO

Sonoteller.AI

12 一人包辦康樂活動（三）：
用 AI 製作影片／
Clipchamp

　　Bella 是位行政助理，堪稱是部門最強「救火隊」，經常處理各種不同的任務。但是這次主管交辦的任務真的難倒她了：幫當月生日的同事製作一段溫馨的慶生影片！

　　根本不會剪輯影片的 Bella，這幾天看了許多網路教學影片，試著按照步驟一步步操作，但總是弄不清楚各種功能和效果如何搭配使用。某天，她在茶水間向同事大吐苦水：

　　「唉呦，慶生影片怎麼落到我頭上了，我從來沒學過剪片啊。」

　　「哈哈，能者多勞嘛，難怪組長什麼事都想讓妳做。」

　　聽到同事的恭維，Bella 露出哀怨的眼神，說道：「我真的不知道該從哪裡下手，那些專業軟體的功能太多，一看到畫面我就頭痛了。」

　　「還是要試試看讓 AI 幫忙？我聽說最近有些自動化的剪片工具，只要上傳素材、選擇風格，AI 就能幫妳完成剪輯。」

　　Bella 聽完同事的建議，開始在網路上搜尋相關工具。她

發現，有了 AI 幫忙，這項任務將會比原本想像的簡單許多，定能順利解決燃眉之急。

Clipchamp的影片速成法

「Clipchamp」是一款由微軟推出的應用程式，透過 AI 技術輔助的影音編輯功能，將許多看似高深專業的技巧簡化為淺顯易懂的操作，大幅縮短了從零開始到順利完成第一部作品的時間。

優點是簡單好上手，對於想製作影片但又零基礎的新手來說，真的是一大福音！以下將介紹 Clipchamp 的影片速成技巧。

操作步驟

STEP 1
快速掌握 Clipchamp 的操作流程

如果你使用的是 Windows 11 系統的電腦，通常已經預載了「Microsoft Clipchamp」應用程式，直接開啟就可以使用。

此外，也可以在瀏覽器上用線上版的 Clipchamp 剪輯影片（連結附於文末）。

第一次使用時，先以微軟或 Google 帳號登入，就能免費使用。

Clipchamp 的操作介面簡單明瞭。先在首頁點選「使用 AI 建立影片」，再按照系統的指示，依序完成四個步驟：

- 素材上傳：輸入影片標題，並上傳相片或影片素材。可以同時上傳多張相片，AI 會自動安排出場順序。
- 設定樣式：系統內建了多樣化的影片樣式，可以透過點讚或按不喜歡的方式，讓系統分析自己的偏好，並套用合適的視覺效果，例如：Vivid & Eye-catching（鮮豔吸睛）、Modern & Sleek（摩登絲滑），或是 Colorful & Lively（繽紛生動）。
- 設定畫面方向及片長：設定橫向或直向，調整影片長度。
- 設定音樂及字型：挑選合適的配樂與文字字型。

完成以上四個步驟之後，就可以預覽 AI 製作的影片效果。如果覺得成果不錯，點選「匯出」即可儲存檔案。

在「使用 AI 建立影片」的功能時，從頭到尾都有明確的指示，系統會一步步帶領我們完成製作影片所有必要的步驟，對於新手來說相當友善，大幅縮短了自行摸索的時間。

Clipchamp 四步驟使用 AI 建立影片

Microsoft Clipchamp

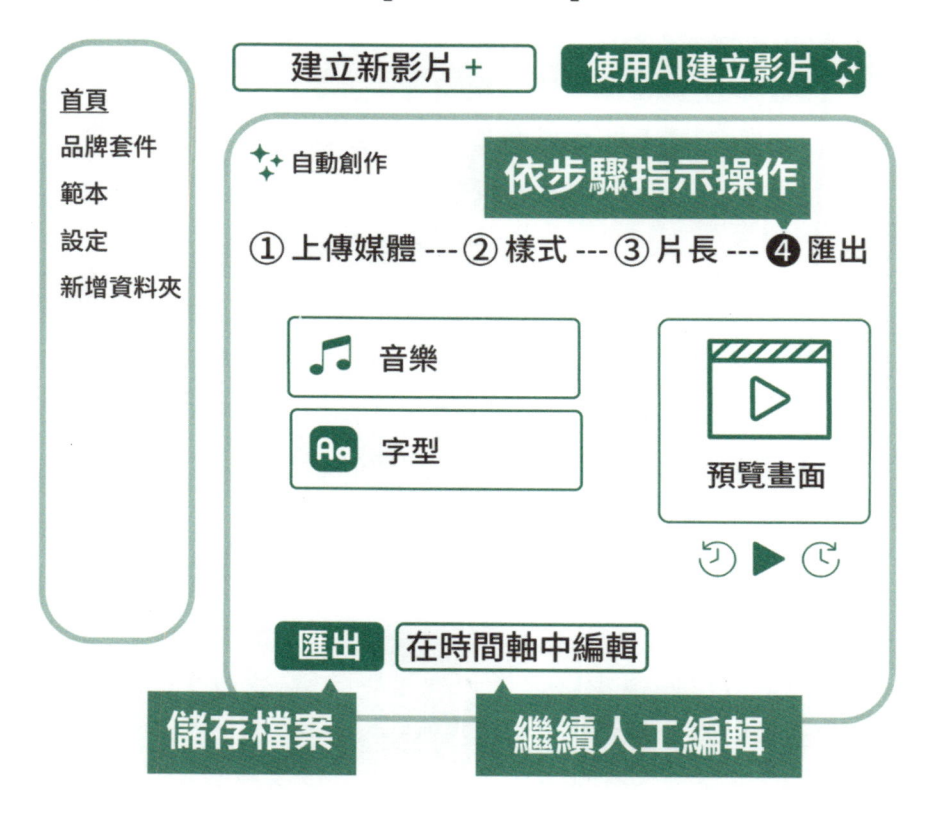

- 首頁
- 品牌套件
- 範本
- 設定
- 新增資料夾

建立新影片 ＋　　　使用AI建立影片 ✨

✨ 自動創作

依步驟指示操作

① 上傳媒體 --- ② 樣式 --- ③ 片長 --- ❹ 匯出

🎵 音樂

Aa 字型

預覽畫面

匯出　在時間軸中編輯

儲存檔案　　**繼續人工編輯**

STEP 2
案例說明：慶生影片速成法

Bella 希望快速產出一段溫馨的慶生影片，她可以這麼運用 Clipchamp：

- **素材上傳**：為生日的同事挑選一些個人生活照，也上傳幾張部門聚餐、出遊的大合照，豐富影片內容。
- **設定樣式**：選擇 Vivid & Eye-catching（鮮豔吸睛）的樣式，賦予影片生動歡樂的感覺。
- **設定畫面方向及片長**：考量同事都習慣用手機觀看，因此設定為直向。
- **設定音樂及字型**：挑選一首輕快的配樂。

Bella 只花了 5 分鐘就完成一段慶生影片了！裡頭有美編設計，有配樂，也有轉場效果，成果挺有質感。

如果覺得 AI 速成的影片看起來有點陽春，可以點選「**在時間軸中編輯**」，開啟 Clipchamp 的剪輯介面，用人工方式為影片增添新的花樣。

STEP 3
剪輯介面說明

　　Clipchamp 的人工剪輯介面的基本功能與其他影片編輯軟體相似。我們可以在「影片剪輯區」的時間軸中，加入相片、影片、配樂音訊、文字標題等素材，調整每項素材的進出場時機以及連續放映的時間，並在中央的「影片預覽區」查看影片成效。

　　點選「匯入媒體」，將準備好的相片、影片、音樂等檔案，上傳至素材區，再用拖曳的方式，將這些素材加入時間軸，進行後續的編輯作業，操作方式相當直觀。

　　除此之外，還可以利用兩側的工具列，在影片中加入特效、設定轉場效果或是新增字幕等，功能相當多元。

　　接著配合圖文說明，列舉幾項實用的功能：

- 您的媒體：上傳相片、影片等素材檔案。
- 錄製並建立：錄影、錄音甚至是錄製螢幕（或特定的應用程式）。
- 內容庫：系統內建了多樣化的素材，包含音效、插畫圖樣、動畫圖、影片、背景等，種類多元，可以視需求加入影片。
- 範本：系統提供適用於不同場合的影片樣式，例如：

行銷、特賣廣告、慶祝活動、婚禮、旅遊等。每個範本都已經具備配樂、標題文字、特效及美編設計等完整的效果，我們可以直接套用，再依據實際情況微調。這樣會比從頭到尾都自己動手省時省力許多。

- **文字**：新增標題動畫或是純文字內容。
- **轉場**：在兩個素材之間加入轉場效果。例如，我們可以用拖曳的方式，將「淡入與淡出」特效新增至時間軸上的兩段影片之間。
- **品牌套件**：建立統一的 Logo、顏色與字型設定，套用至所有影片內，未來製作同類型的影片時就不必再重新設定一遍了。

Clipchamp 人工剪輯介面示意圖

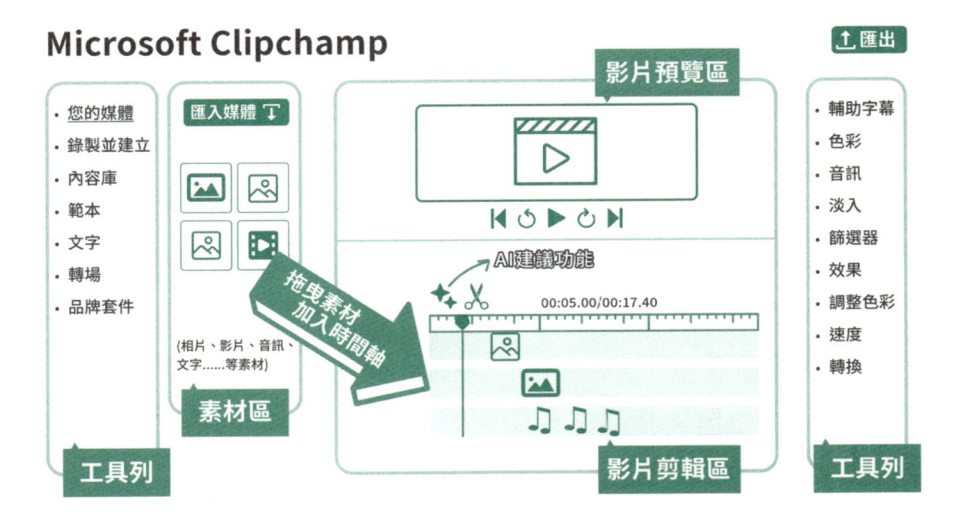

Microsoft Clipchamp

工具列
- 您的媒體
- 錄製並建立
- 內容庫
- 範本
- 文字
- 轉場
- 品牌套件

素材區（匯入媒體）
拖曳素材加入時間軸
（相片、影片、音訊、文字……等素材）

影片預覽區

AI建議功能

00:05.00/00:17.40

影片剪輯區

工具列
- 輔助字幕
- 色彩
- 音訊
- 淡入
- 篩選器
- 效果
- 調整色彩
- 速度
- 轉換

匯出

一人包辦康樂活動（三）：用AI製作影片／Clipchamp　141

進一步加工 AI 製作的影片，例如，手動新增標題動畫、調整照片出場的順序，或是增添一些視覺特效，雖然需要多花點時間操作，卻能提升影片的質感，看起來更有層次。

STEP 4
幫影片上字幕

如果影片中有對白，「搭配字幕」就很重要，讓觀眾能夠更輕鬆自在地觀賞影片。

舉例來說，Bella 希望為慶生影片加上一段旁白，她特地錄製了一段音訊，為每位同事獻上生日祝福。如果能搭配字幕，同事們在觀賞影片時不僅能清楚了解她說了什麼，還能彌補咬字不清或錄音品質不佳的問題。

現在為影片上字幕已經不再需要人工聽打逐字稿這樣繁瑣的工作了，AI 能快速分析音訊內容，自動生成完整的字幕。

使用 Clipchamp 工具列的「輔助字幕」（Captions）功能，並選擇對應的語言種類，就能享受 AI 自動生成字幕的服務。

最後，雖然 AI 製作影片省時又便利，但在工作上應用還是要留意版權的問題。例如，這項 AI 工具創作的影片是否授權商用？使用者是否該註明來源？這些規範一般都會列在使

用條款內。事先確認清楚遊戲規則，才不會引來不必要的糾紛。

技巧再升級

技巧 1 找不到合適的影片配樂怎麼辦？

如果找不到合適的影片配樂，不妨參考前面章節介紹的 Suno，就能輕鬆運用 AI，訂製符合影片主題與氛圍的配樂。

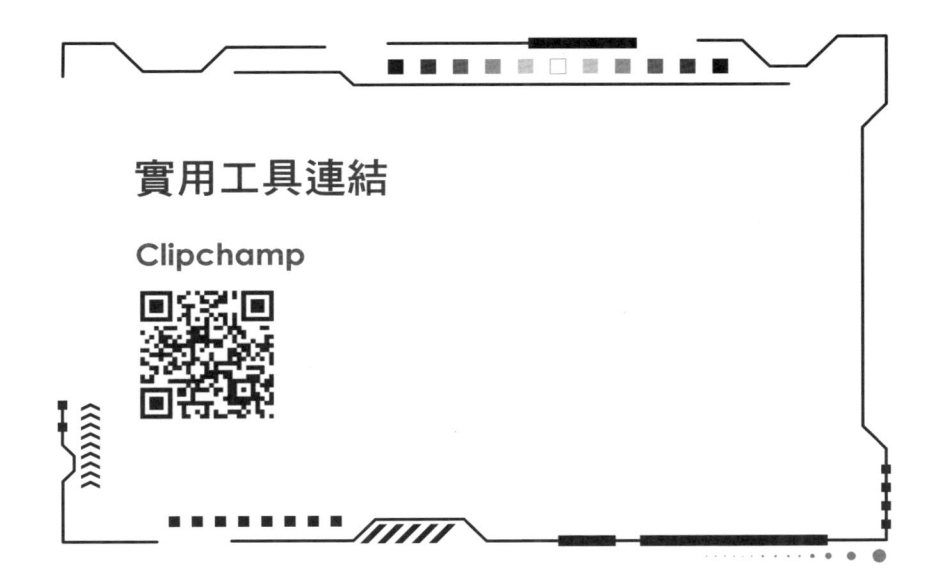

實用工具連結

Clipchamp

13 用 AI 製作人聲旁白／MyEdit

「Ashley，這些是公司明年的教育訓練資料，這次的教材影片，我想讓妳負責配音工作。」經理說著，並將一疊文件放到 Ashley 桌上。

Ashley 略帶猶豫地回應：「經理，去年我們製作數位教材的時候，配音占用了好多人力跟時間，大家要分攤這麼多內容，不知道要花多少時間才能完成，有點吃不消……」

回想起上次幫教材配音的情況，Ashley 仍然感到頭疼。那時同事們常因為吃螺絲或是錄音品質問題，不得不多次重錄。大家都不是專業配音員，難免遇到不少問題。

Ashley 忽然靈光一閃提議道：「經理，我想到現在有些 AI 工具可以生成自然的人聲旁白，讓 AI 幫忙配音可以減少人力支出，還能保證品質穩定，我們可以試試看嗎？」

主管點頭說：「確實，公司也希望教材品質穩定些，這樣新人進來後也能使用。而且 AI 能節省人力成本，感覺是個不錯的嘗試。」

Ashley 感到一陣安心，滿懷期待地準備使用 AI 來製作人聲旁白。

MyEdit生成真人AI語音旁白

「MyEdit」是一款搭載 AI 語音生成技術的線上工具，輸入文字內容就能迅速生成仿若真人的生動配音，能節省許多錄音及後製的繁瑣程序。

無論是為公司的教育訓練影片配音、產品推廣影片配音，或是製作有聲書，有了 AI 的助力，即使我們不具備專業配音技術，也能創作出頗具水準的有聲內容。

接著將介紹如何運用 MyEdit 快速生成語音旁白。

操作步驟

STEP 1
快速掌握 MyEdit 基本操作

MyEdit 是一款線上工具，無須下載程式，直接在瀏覽器上就能使用。請先進入 MyEdit 官方網站的「音訊編輯工具」（連結附於文末）。

開啟網頁後，將會發現 MyEdit 整合了圖片編輯與音訊編輯兩大功能。我們要選用「文字轉語音」來生成語音旁白。

操作介面相當直觀，大致能分為三個區塊：
- 預覽區：預覽 AI 生成的語音內容。
- 文字稿區：在此處輸入想要生成語音的腳本內容，或是上傳文字檔案。
- 聲音設定區：依據需求選擇適合的配音語言（中、英、日、韓、義、法等多國語言）、說話風格（愉悅、嚴肅、友善等）以及應用場景，連性別、不同年齡的聲音效果都能挑選。

值得一提的是，MyEdit 設計了教育、廣告、Podcast、有聲書、產品 Demo、新聞等多種常見的應用情境，選擇符合自己需求的情境，AI 就會自動調整細節設定，幫我們完成不少後製工作。

實際操作時，我們先在文字稿區輸入腳本內容，再到聲音設定區挑選人聲風格，最後點選「生成」，預覽區就會出現 AI 語音旁白。

MyEdit 文字轉語音操作示意圖

MyEdit　　　　　　　　　　　　　　　下載

- AI工具
- 調整
- 修復工具
- 一般編輯

預覽區

文字稿區

輸入文字內容……
(亦可匯入檔案)

聲音設定區

中文

設定：
語言/性別/
說話風格/應用場景

生成

用AI製作人聲旁白／MyEdit

STEP 2
案例說明：教育訓練影片配音

Ashley 想要用 AI 為公司的教育訓練影片配音，她可以這麼運用 MyEdit：

- **上傳資料**：將教育訓練資料切割成合適的段落，避免超出系統的字數上限，然後將資料逐一上傳到文字稿區。
- **調整人聲風格**：在聲音設定區將語言設定為中文，應用場景則設定為教育。
- **生成內容**：點選「生成」，即可取得 AI 語音旁白。

對於像 Ashley 一樣的行政人員來說，即使不具備專業技術，也能藉由便利的 AI 工具，輕鬆處理許多跟「聲音」有關的任務。

STEP 3
預覽及匯出

雖然操作流程相當簡便，但別忘了，匯出音檔前務必先播放一次 AI 生成的作品，確認它是否符合需求，是否有缺漏

字的情況，才能避免後續要反覆修改。

確認沒問題後，點選「下載」即可匯出音檔。

仔細聆聽 AI 配的語音旁白會發現，印象中冷冰冰、煞風景的機器配音，如今已經被 AI 技術翻轉成彷彿真人發音的擬真旁白，有效降低了違和感，聽起來也更有溫度。

最後，如果想把生成的 AI 人聲旁白用於商業用途或是盈利，務必要留意並遵守相關的條款規範，例如商業用途的範圍、使用期限，或是廠商是否要求註明來源等。不同軟體的規範往往有差異，唯有仔細確認相關說明，才能合法安心地將 AI 語音作品用於商業用途，避免因疏失而引發不必要的糾紛。

技巧再升級

技巧 1　我已經有錄音檔了，AI 能幫上忙嗎？

有些時候我們已經有錄音檔了，但因為錄音品質不穩定，出現了人聲模糊或是雜音過多的問題，需要額外做人工後製處理，耗時又費工。

此時，MyEdit 還有幾項實用功能可以參考：

- **提取人聲**：去除背景音樂或伴奏，只保留人聲。
- **去雜音、噪音閘**：移除背景噪音與雜音，使音質更清晰。
- **去除風聲**：降低戶外收音時的背景風聲干擾。

- 語音增強：增強人聲並減少背景噪音，讓人聲更乾淨突出。
- AI 音效生成器：簡單輸入敘述文字，例如，此起彼落的鼓掌聲、煙火在空中綻放，就能快速生成特定音效。初學者不必煩惱該到哪裡尋找音效素材。

技巧 2　AI 人聲旁白還能用在哪些工作？

AI 技術正廣泛應用在不同領域的「聲音」工作上，包括有聲書、Podcast、產品推廣影音、電話總機預錄配音、語音導覽、廣播配音，以及語言教學的聽力試卷等。

特別在有聲書及產品推廣影音的應用上，AI 人聲旁白不僅能降低製作過程的複雜度，還能快速生成多種語言版本，加速產品進軍國際市場的腳步。

AI 小講堂

隨著有聲書、Podcast以及各種線上課程蓬勃發展,「有聲內容」逐漸成為眾人學習與休閒的新方式。需求必然帶來商機,有聲創作儼然成為新一個兵家必爭之地。在這股潮流中,AI文字轉語音技術(Text to Speech,TTS)是重要的幕後推手之一。

舉例來說,蘋果公司(Apple)悄然推出了名為「AI數位旁白」(Apple Books digital narration)的功能,在Apple Books上架特定類型書籍的作者或出版商經過申請審查後,可以使用AI旁白技術製作有聲書。這項技術有望大幅降低有聲書的製作成本,勢必對出版產業帶來一波新衝擊。

至於消費者是否買單,會不會對AI語音產生排斥,就留待市場的反應來驗證了。

實用工具連結

MyEdit 音訊編輯工具

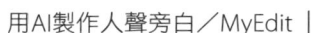

14　輕鬆設計活動的抽獎工具
/ Poe

為了籌備公司的尾牙活動，Emma 這個禮拜忙得團團轉，張羅著各種大小事。

今天，她接到主管臨時交代的任務：設計一個抽獎遊戲，用來搭配董事長今年自掏腰包的加碼抽獎，大獎是一台 4K 高畫質曲面電視和最新上市的 iPhone。主管特別強調，這麼豐厚的獎品，單純用抽籤多無趣，抽獎過程要有點創意，才能炒熱現場氣氛。

但是，Emma 面臨了一個大問題：她根本不會寫程式，該怎麼在短時間內生出一個抽獎遊戲呢？

於是她向隔壁的同事求助：「嗨，Jason，主管突然要我們做一個尾牙用的抽獎遊戲，還要能在大螢幕上播放，可是我完全不懂程式啊，這怎麼辦才好？」

「別擔心啦，現在用 AI 寫個隨機抽獎的程式很簡單，只要妳說明清楚遊戲規則，AI 就可以幫妳完成大部分的工作。」

Emma 頓時覺得放心許多，但她想到另一個問題：「那

我們能讓抽獎過程看起來有趣一點嗎？大家才不會覺得無聊。」

「當然可以啊！我們可以設計一個轉盤抽獎工具，搭配一些動畫效果，這樣看起來更有互動感，也能讓現場氣氛更熱烈。」

於是，Emma 和 Jason 開始一起討論如何向 AI 下指令……

用Poe設計適合團體活動的抽獎工具

長期以來，程式設計一直被認為是一項高度專業的技術。若不是相關科系畢業，或是自己下過苦功學習，恐怕很難在短時間內完成特定任務的程式開發。但現在 AI 可以根據我們的口語需求，自動生成程式碼，讓非專業人士也能快速將腦中想法付諸實現。

接著將介紹如何使用「Poe」這款工具，讓 AI 代勞程式設計，快速產出一個適合尾牙的抽獎小遊戲。

操作步驟

STEP 1
快速掌握 Poe 的操作方式

「Poe」是這兩年迅速興起的 AI 平台，為什麼特別稱它為「平台」呢？原因是 Poe 整合了數十種不同的 AI 模型，我們耳熟能詳的 ChatGPT 是其中一項，另外還有 Claude-3.5-Sonnet、Gemini-1.5-Pro、LLaMA-3.1 等先進的自然語言模型，以及 StableDiffusionXL、Playground v3 等知名的影像生成模型。我們可以根據不同的工作情境，自由切換使用。

請開啟 Poe 的官方網站（連結附於文末）。使用介面非常單純，可分為右側的「AI聊天區」，以及左側的「工具列」。在對話框輸入指令後，AI 聊天區就會呈現我們與 AI 的問答過程。工具列則有以下幾個重要功能：

- 探索：Poe 將不同的 AI 模型，例如 Open AI 的 GPT-4o 或是 Google 的 Gemini-1.5-Pro，以及其他使用者為了特定任務打造的聊天機器人，統稱為「Bot」。在探索功能中，可以按照繪圖、寫作、程式、翻譯等不同類別，篩選出適合自己的 Bot。

- 建立 Bot：根據自己的需求，設定指令並上傳資料，打造客製化的 AI 助理。近似於 ChatGPT 的 GPTs 功能。

- **所有對話**：儲存過往的歷史記錄。每開啟一段新對話，此處就會增添一筆記錄。
- **設定**：調整訂閱方案（免費或付費）、調整預設的 AI 模型、修改帳戶基本資料、系統語言等。

Poe 操作介面圖示

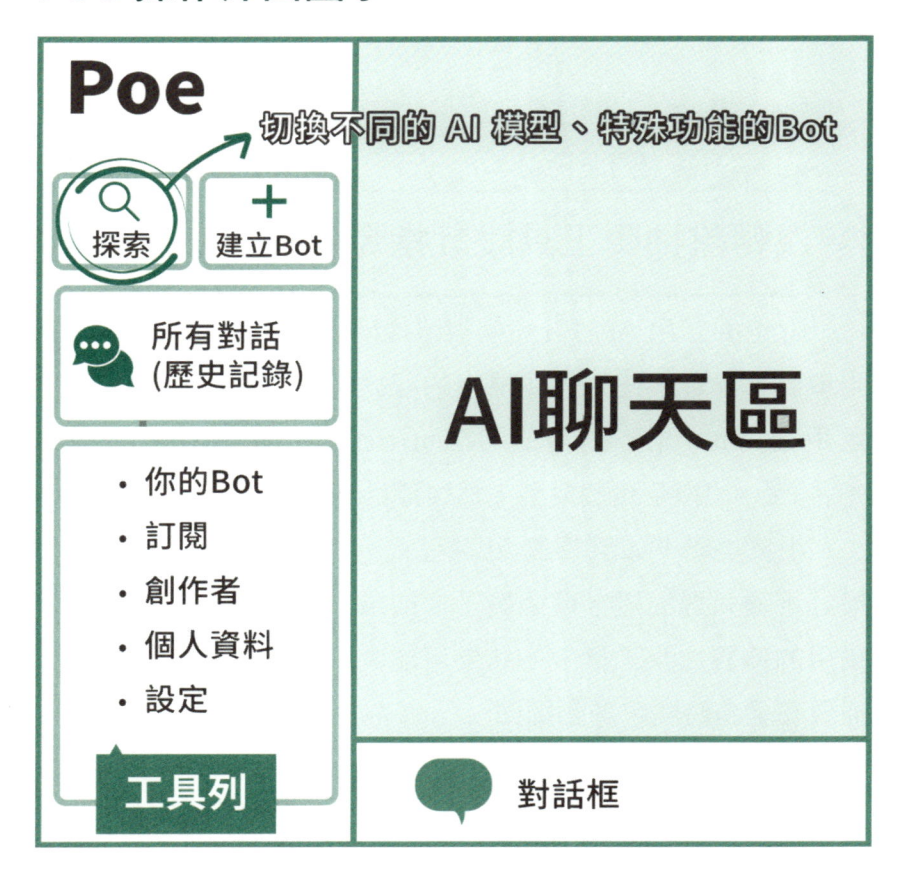

```
Poe
  🔍         ＋
 探索      建立Bot         切換不同的 AI 模型、特殊功能的Bot

 💬 所有對話
    （歷史記錄）
                          AI聊天區
 ・你的Bot
 ・訂閱
 ・創作者
 ・個人資料
 ・設定

   工具列              💬 對話框
```

輕鬆設計活動的抽獎工具／Poe | 155

雖然操作模式跟 ChatGPT 差不多，但最大的差別在於，Poe 可挑選的 AI 模型很多，第一次使用時難免會覺得眼花撩亂。

如果要執行複雜度高的任務，最好先上網搜尋每個 AI 模型的優勢，仔細分析後再做選擇；若是相對簡單的工作，直接挑選 GPT-4o 或是 Claude 3.5 系列的模型，通常會有不錯的成效。

STEP 2 為轉盤抽獎工具設計指令

Emma 想用 AI 設計一個轉盤抽獎工具，在尾牙的時候讓同事們玩。這個任務需要穩定的程式編寫功能，因此，我們選用由 Anthropic 開發的「Claude 3.5-Sonnet」模型。先將 Poe 切換至這個模型，然後開始和 AI 對話。

根據經驗，如果想讓 AI 寫程式，設計出一個成品，指令最好不要太過簡短。舉個例子，如果只輸入：「設計一個活動用的轉盤抽獎工具」，結果可能會跟預期的相去甚遠，反而要花更多時間來調整細節。

那麼，我們該如何下指令呢？

要做抽獎工具，可以考慮在指令中提到以下幾點：

- **視覺設計**：如何配色、如何呈現不同的獎項、動畫效果如何安排。
- **遊戲規則**：獎品的種類、數量，以及得獎機率。
- **互動元件**：啟動按鈕、文字提示等。

我們可以用以下指令設計一個活潑生動的轉盤抽獎工具：

輸入：

請依照以下幾點要求，設計一個帶有流暢動畫效果的轉盤抽獎工具。

有可複製的指令範例

- 遊戲規則
    » 轉盤會隨機選擇獎品，每個獎品只能被抽取一次。
    » 共有三個獎項：4K 電視、iPhone、10,000 元獎金。
    » 每次抽獎後，轉盤都會重置回到初始位置，確保下次能順暢運作。
    » 請適度調高「未中獎」的機率。
- 視覺設計
    » 轉盤為正圓形，分為四個同樣大的扇形區域，分別標示為「4K 電視」、「iPhone」、「10,000 元」以及「未中獎」。
    » 每個扇形區域的顏色不同。
    » 被抽中的獎項將變成灰色。

輕鬆設計活動的抽獎工具／Poe

- » 轉盤旋轉時應有流暢的動畫效果。
- » 轉盤外設計一個固定的箭頭，用於指示中獎項目。
● 互動元件
- » 設計一個醒目的「Start」按鈕來啟動轉盤，使用者點擊後，轉盤就會開始旋轉。
- » 轉盤停止時，另外以醒目文字顯示中獎的獎項

輸入指令後，AI 就會快速地編寫程式，我們也能從畫面上看到一行又一行的程式碼不斷浮現，結束後，即可獲得一個初步設計好的抽獎工具。

STEP 3
試玩遊戲，尋找錯誤

雖然我們在先前的指令中描述了所有需求，但就像人類寫程式會出現預料之外的「Bug」，AI 也會。它可能會誤解我們的意思，導致成品偏離預期。

因此我們需要試玩幾次，才能發現錯誤，並進行修正。

說到這裡，或許有些人會產生疑惑，Poe 生成的是一長串程式碼，我們是否該到另一個地方執行呢？

Poe 已經具備「預覽」（Previews）功能了，寫完程式

後就會出現一個預覽框,讓我們體驗設計的成果。可以為程式新手省下許多麻煩。

STEP 4
用口語指令 Debug

如果發現了「Bug」,有程式基礎的人翻閱程式碼修改即可。如果你完全沒學過程式也不必擔心,按照自己觀察到的「錯誤現象」,用口語下指令,AI 就會協助修正。

以下列舉幾種轉盤遊戲常見的錯誤現象,以及該如何解決:

- **轉盤使用一次後就無法順暢轉動**:輸入指令,「使用第二次之後,轉盤就不會順暢快速地旋轉,請修正」。
- **4K 電視、iPhone 等大獎馬上被抽走**:輸入指令,「請重新確認抽獎機率,未中獎的機率理應最高」。
- **轉盤的版面設計跑掉**:輸入指令,「請確保轉盤隨時保持圓形,文字都在適當的位置」。

受惠於這種「口語 Debug」的方式,程式小白也能順利除錯,獨力完成一個高品質的作品!

技巧再升級

技巧 1　如何將這個抽獎工具打包帶走？

目前抽獎工具只能在 Poe 的預覽框內使用,如果想將它運用在特定的活動場合,需要點選「另存為檔案」,把這個抽獎程式打包成 HTML 檔案,未來用瀏覽器開啟就能直接使用。

將轉盤抽獎程式打包帶走

Poe

😊 請依照以下幾點要求，設計一個帶有流暢動畫效果的轉盤抽獎工具‧‧‧

✳ Claude-3.5-Sonnet
我會根據您的要求設計一個帶有流暢動畫效果的轉盤抽獎工具‧‧‧‧‧‧

完整程式碼

```html
remainingPrizes.sort(() => Math.random() - 0.5);
sections.forEach((section, index) => {
  section.textContent = remainingPrizes[index];
});
```
複製

預覽
(在Canvas開啟)

另存為檔案

SPIN

💬 對話框

輕鬆設計活動的抽獎工具／Poe | 161

AI 小講堂

「出張嘴就能寫程式的時代來了」，這句誇張的形容雖帶有玩笑成分，卻不無道理。生成式AI的興起的確對程式編寫產生了深遠的影響。過去軟體工程師寫一行程式碼的時間，AI能寫出三至五行，這個效率差距讓「人類即將被機器取代」的說法開始廣為流傳。

但現實並非如此簡單。在真正的軟體開發工作中，AI的角色更像個得力的助手而非取代者。AI雖然能迅速將創意轉化為程式碼，但在精準偵錯和確保可靠性方面仍顯不足，需仰賴工程師的技術與經驗。更重要的是，軟體開發的真正核心在「創意」。唯有人類發揮細膩的觀察力，從生活上、工作中發掘問題，才能與AI共同合作，推動技術的進步。

實用工具連結

Poe

Chapter 3

文書迅捷力

15 一次搞定簡報的設計排版與美編／Gamma + ChatGPT

早上八點，Bella 打卡後走進辦公室，正準備處理今天的工作，卻被突然傳來的訊息打亂了計畫：「Bella，九點有場臨時會議，需要妳上台簡報。」

原來是老闆臨時安插了一場會議，Bella 頓時緊張起來。她迅速搜尋手邊可用的資料，確實有份可以參考的 Word 文件，但那只是個簡單的文字檔，內容雜亂、字數又多，實在不適合直接用來展示。

「現在只剩不到一小時，連基本的美編排版都來不及做，該怎麼完成這份簡報呢？」

Bella 感到壓力山大，回想起平常製作簡報的流程：先要從大量的原始資料中提取出重點段落，調整格式、設計排版，然後加上一些精美的圖表，來來回回要花上數小時，才能完成一份簡報……

現在可沒有那個美國時間！

眼看時間一分一秒流逝，Bella 焦急地在辦公桌旁來回踱

步。忽然，她靈光一閃：「對了，好像有種 AI 簡報工具能幫上忙！」

於是她燃起鬥志，在 AI 的協助下，挑戰 30 分鐘內完成一份美觀又專業的簡報！

Gamma+ ChatGPT的簡報製作速成法

「製作簡報」向來耗時又費工。在繁忙的工作中，我們往往因為時間有限，無法做細緻的版面設計，或因為不擅長美編而感到力不從心。如果有一款自動化的工具能協助我們生成美觀又專業的簡報，肯定能節省許多寶貴的時間。

以下將介紹職場必備的 AI 簡報速成法：先用「ChatGPT」將資料拆解為合適的簡報大綱，再用「Gamma」一次搞定設計、排版與美編。

操作步驟

STEP 1
快速掌握 Gamma 的使用方式

首先進入 Gamma 的官方網站（連結附於文末），在首頁畫面中，我們將會看到三種製作簡報的功能：新建 AI、從頭開始建立以及匯入。這次選用的是「新建 AI」。

在新建 AI 功能中共有三種生成簡報的模式，分別適用於不同的情境：

- 貼上文字：適合手邊已經有文本資料的情況，可能是幾篇文章或是一份報告。將文字內容複製貼上後，AI 就會自動判讀、安排分頁配置、決定美編與版面設計，進而生成一份簡報。
- 產生：適合只有主題、沒有內容的情況使用。如果手上沒有任何參考資料，可以簡短輸入主題，例如：數位行銷趨勢或是淨零碳排，AI 會依據關鍵字，迅速產生一份簡報大綱，協助我們發想內容。
- 匯入檔案：上傳 PowerPoint、Word、PDF 等類型的檔案，或是用網址匯入網路文章，進而生成簡報。

Bella 手邊已經有參考資料了，因此選擇「貼上文字」的模式。

由於資料的字數過多，沒辦法全部塞進簡報內，需要先將資料精簡化，梳理成適合簡報的樣式。

STEP 2
ChatGPT 拆解簡報大綱

現在我們先切換到 ChatGPT，請 AI 將參考資料拆解成簡報大綱。

為了讓 Gamma 能精準讀取 ChatGPT 產出的內容，可以使用兩個技巧：

- **Markdown 格式輸出**：Markdown 屬於一種標記語法，作用是在純文字內容中加入格式設定，例如，「#」代表標題、「**」代表粗體，透過這種方式，即可讓 ChatGPT 完成初步的排版工作。
- **內容濃縮**：請 AI 提取資料中的精華部分，讓內容更聚焦，也能避免超出 Gamma 的字數上限。

舉例來說，Bella 這次準備的是「碳費」相關的資料，若想拆解為簡報的結構，她可以這麼下指令：

輸入：
請將以下參考資料精簡至 300 字內，分段並下標，重新整理為適合簡報的架構，最後以 Markdown 格式輸出。
參考資料：

如果我們把放大鏡的倍率聚焦到自己身上，不難發現零碳賽局對於台灣企業的衝擊已然浮現。2023 年，歐盟築起一道高聳的氣候防線：碳邊境調整機制（CBAM）開始為期三年的過渡期。2026 年正式實施之後，企業想將自家產品送入歐盟市場，得先過邊境碳稅這一關，超過法定碳含量的產品都要花錢消災。別以為只有國外這麼玩，台灣也在去（2023）年推出《碳費收費辦法》草案，宣告正式進入排碳有價時代……

ChatGPT 回答：
零碳賽局對台灣企業的影響
歐盟的碳邊境調整機制（CBAM）
- ** 開始時間 **：2023 年開始為期三年的過渡期。
- ** 正式實施 **：2026 年，企業需通過邊境碳稅檢查，才能進入歐盟市場。
- ** 影響 **：超過法定碳含量的產品，需支付額外稅費。
台灣的政策變動
- ** 政策 **：2023 年推出《碳費收費辦法》草案。
- ** 意義 **：正式進入排碳有價時代，本地企業需調整以應對新政策……

我們可以觀察到，ChatGPT 將原先平鋪直敘、缺乏結構化的文字，濃縮為清晰簡潔的格式，有助於後續的簡報製作。

那些看來有點突兀的標記，像是「##」或是「**」，就是所謂的 Markdown 格式，請將這些標記連帶文字，全部複製貼上到 Gamma。

STEP 3 一次完成設計、排版與美編

接著，再次回到 Gamma「貼上文字」的模式，介面主要分為兩個區塊：與設計排版有關的「設定區」，以及讓我們輸入 ChatGPT 生成內容的「內容區」。

在設定區內，首先要決定 AI 該採用何種方式，將內容區的參考資料轉化為簡報。目前共有三種轉化方式：

- **產生**：除了我們所提供的資料，AI 會自行增添其他細節。
- **緊縮**：請 AI 精簡文字，適用於資料篇幅過長的時候。
- **保留**：AI 將會盡量保留原始內容，適用於不希望 AI 胡亂新增資訊的時候，例如，我們在 STEP 2 已經運用 ChatGPT 做過文字內容的精簡，就很適合選擇這個方式。

此外，我們還能在設定區調整每頁簡報的文字量、輸出的語言種類、圖片設計，以及版面長寬比等細節。

　　值得一提的是，許多人會在簡報中搭配圖片，讓視覺效果更豐富。Gamma除了能用AI繪圖技術自動生成插畫圖案，也能開啟「網頁搜尋圖片」功能，篩選網路上可免費商用的照片，功能相當便利。

　　畫面下方的「n張卡片」欄位是用於設定總頁數。必須留意，要依照內容區的文字量多寡設定頁數，避免一頁簡報內的字數太多或是太少。

　　完成後點選「繼續」，即可在系統內建的多種布景主題中挑選自己想要的樣式。最後點擊「產生」，稍待數秒鐘，AI就會生成一份頗具設計感的簡報。

Gamma 簡報設計操作說明

Gamma

設定區

- 文字內容
  [AI產生] [緊縮] [保留]
- 每張卡片的文字量
  [簡短] [中等] [詳細]
- 寫給 (描述受眾)
- 語氣 (清晰/專業/友善……)
- 輸出語言 (中/英……)

- 圖片 ← [AI 繪圖/網頁搜尋]
- 格式 ← [長寬比/格式]

[− n 張卡片 +]

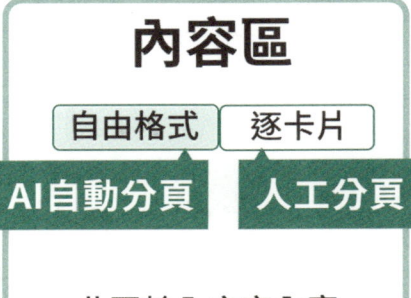

內容區

[自由格式] [逐卡片]
[AI自動分頁] [人工分頁]

此區輸入文字內容
(兼容markdown格式)

[繼續 →]

STEP 4
微調與匯出

　　Gamma 初步生成的簡報也許會有缺漏，在下載檔案之前，我們可以在編輯介面修改。

　　開啟畫面上方的「使用 AI 編輯」功能，就可以用對話的方式命令 AI 修改簡報。例如，輸入「用粗體標示關鍵字」，AI 就會把整頁簡報的關鍵字改為粗體。

　　最後，點擊「分享」按鈕，即可將這份簡報儲存為 PDF 或是 PowerPoint 檔案。

　　AI 生成簡報的效率驚人，但若想用於商業營利，或是在公開場合播放，請先確認相關的使用條款。Gamma 規定付費用戶才能去除浮水印就十分值得注意。唯有遵守相關規範，才不會惹上不必要的糾紛。

Gamma 的編輯介面圖示

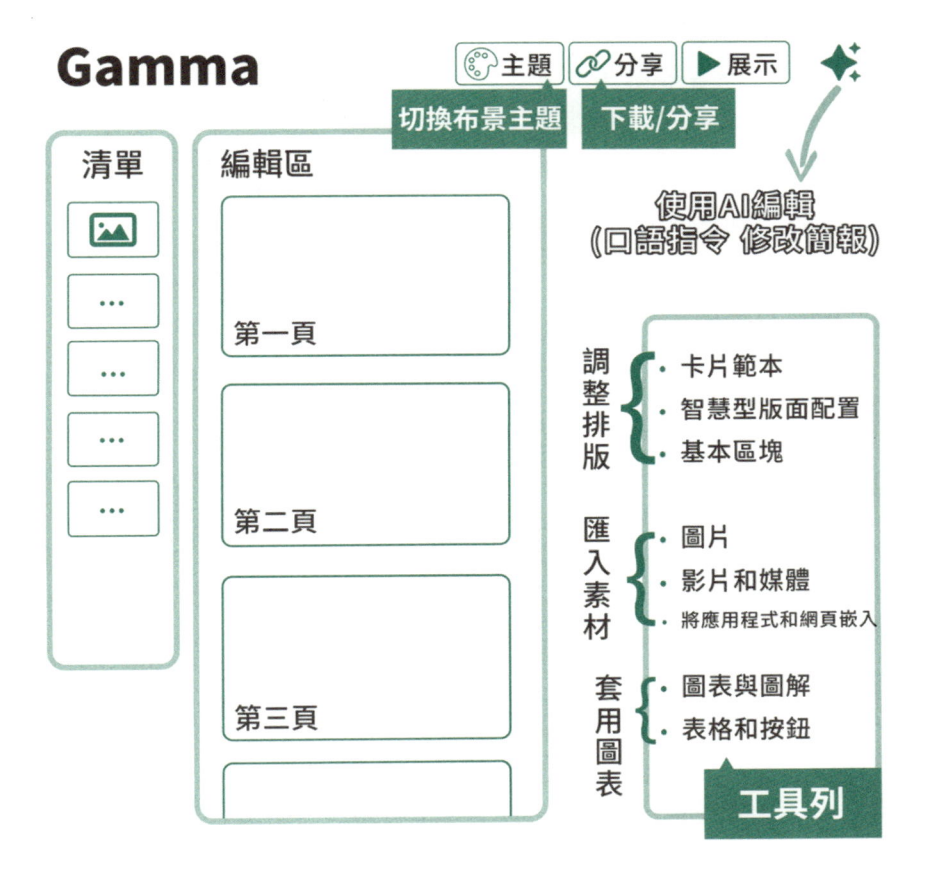

Gamma

- 清單
- 編輯區
  - 第一頁
  - 第二頁
  - 第三頁

主題 / 分享 / ▶展示

切換布景主題

下載/分享

使用AI編輯
（口語指令 修改簡報）

調整排版
- 卡片範本
- 智慧型版面配置
- 基本區塊

匯入素材
- 圖片
- 影片和媒體
- 將應用程式和網頁嵌入

套用圖表
- 圖表與圖解
- 表格和按鈕

工具列

一次搞定簡報的設計排版與美編／Gamma + ChatGPT | 173

技巧再升級

技巧 1　ChatGPT 進階簡報指令

在 STEP 2 拆解簡報大綱的階段，如果我們也想讓 ChatGPT 同步設定每頁簡報的內容，請在指令中要求 ChatGPT 使用「---」符號切分每段文字。這樣 Gamma 就能清楚知道每一頁該呈現哪些資訊囉！

舉例來說，若我們想以近期引發國際熱議的 AI 模型 DeepSeek 為題，讓 Gamma 生成「三頁」簡報，可以先請 ChatGPT 這麼處理資料：

輸入：

請將以下關於 DeepSeek 模型的參考資料，重新整理為「3 頁」簡報的架構，以「---」符號區分每頁簡報內容，最後以 Markdown 格式輸出。

（……複製貼上參考資料內容……）

ChatGPT 回答：

震撼國際的 DeepSeek 模型，到底是什麼？

DeepSeek 的技術亮點

- **低成本、高效能**：官方宣稱模型的訓練成本只有約六百萬美元，性能卻可以媲美投入大筆資金開發的 ChatGPT。
- **開源模式**：任何人都能以低成本取得強勁的人工智慧模型。

市場波動與展望
- **引發大眾熱議**：DeepSeek 的手機 App 下載量暴增，一度登上全球多國 App Store 下載排行榜的冠軍。
- **衝擊科技巨頭**：新技術的崛起，對於 AI 晶片乃至於整體產業的影響深遠，AI 模型百家爭鳴，誰能笑到最後呢？

我們可以觀察到，ChatGPT 使用了兩個「---」符號，將內容切分為三個段落，接著只要把全部內容複製貼上到 Gamma，就會自動轉成三頁的簡報了。

AI 小講堂

不曉得你是否曾有這個疑問：PowerPoint早已有精美的模板和快速排版的功能了，那麼像Gamma這類AI工具到底能帶來什麼不同的好處？

在傳統的簡報製作過程中，諸如複製貼上文字、反覆調整插圖配件，或是手動繪製圖表等，往往耗費大量的時間，積累起來的時間成本更是驚人！

AI簡報工具的獨特之處在於，它能夠一次搞定這些繁瑣的手動工作，瞬間生成一份雖未完美但有七十分水準的簡報，大幅縮短從零開始的時間。這樣的效率非常適合用來應付突如其來的簡報任務，幫助我們迅速完成滿意的作品。

實用工具連結

Gamma

16 將文字轉為清晰的流程圖／Excalidraw + ChatGPT

你是否遇過這樣的情況？同事在會議上介紹一個即將舉行的活動企劃，雖然他講得滔滔不絕，大家還是難以掌握活動全貌和階段任務。又或者，遇到報帳、請款這類較繁瑣的行政事務時，因為不熟悉流程，常常要多次詢問負責的人，耗費大量的時間。

這些讓人摸不著頭緒的狀況，往往是因為僅靠文字或口頭說明，無法讓他人迅速理解。此時若能將資訊視覺化，就能順利提升溝通效率，而「流程圖」就是職場中最常用的視覺化工具之一。

儘管流程圖常見且實用，但是想將一個活動企劃或是行政流程改寫為流程圖，卻不是一件容易的事！我們需要先在腦內消化眾多資訊，再思考如何拆解與表達，接著用手動繪圖，一來一往會耗費許多時間和精力。

如果有一款工具能將文字敘述快速轉換成簡潔明瞭的流程圖，那該有多好！

Excalidraw＋ChatGPT快速產製流程圖

「Excalidraw」是一款線上製圖工具，除了提供各式便利的圖表繪製功能，更重要的是，透過 AI 的輔助，可以快速將文字內容轉換成邏輯清晰的流程圖，對於展示活動企劃、產品研發、專案管理等工作的「流程」與「步驟」都非常有幫助。

接著將介紹如何運用「Excalidraw」搭配「ChatGPT」，根據各種工作需求，快速產出流程圖。

操作步驟

STEP 1 快速掌握 Excalidraw 的使用方式

Excalidraw 是一款免費開源、容易上手的圖表繪製工具，特別適合用於繪製流程圖與架構圖。無需安裝程式，在瀏覽器上開啟即可使用。

先進入 Excalidraw 的官方網站（連結附於文末）。

使用介面非常單純，畫面上空白的區域就是讓我們繪製與編輯圖表的白板，而透過畫面上方的「工作列」，即可加入文字、線條、箭號等流程圖常用的元素，也可以插入圖片輔助說明。

AI 自動繪製流程圖的功能則是包含在工具列的「更多工具」功能中。開啟後，將有幾種模式可以選擇：

- 文字轉圖表：透過簡單的描述，讓 AI 迅速將文字轉為流程圖。
- Mermaid：Mermaid 是一種專門處理圖表設計的語法，適用於流程圖、甘特圖、心智圖等圖表，Mermaid 能以文字的方式清楚定義圖表內的文字、節點、連線方式等元素如何組裝，我們不必手動處理每個細節。
- 線框稿轉為程式碼：線框稿（Wireframe）是一種網頁設計或應用程式開發的草稿，用於表達產品的設計邏輯或排版架構。此功能多用於軟體研發相關的工作，此處不贅述。

實際應用時，「文字轉圖表」可以將我們口語化的敘述改寫為流程圖，便利又實用。但是根據經驗，遇到複雜的程序偶而會出現誤判（例如漏掉某個步驟）。此時改為使用「Mermaid」功能，即可精準針對需求製作流程圖。

Excalidraw 將文字轉為流程圖

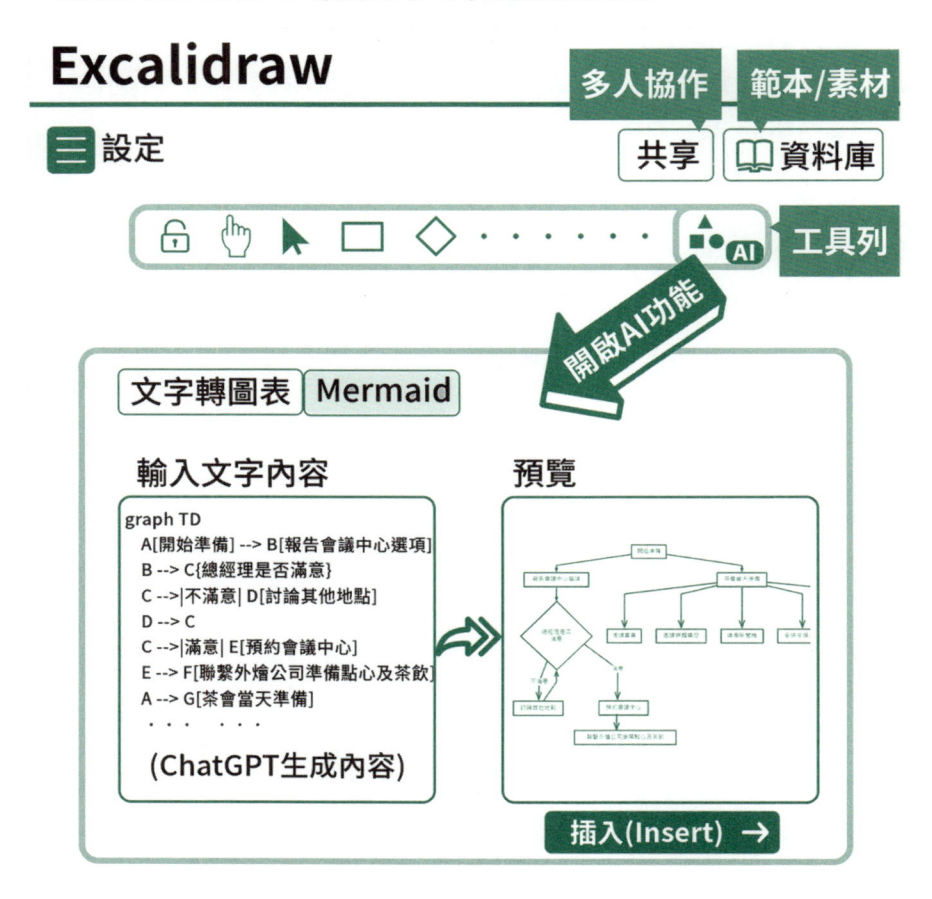

Excalidraw

設定

多人協作 ｜ 範本/素材
共享 ｜ 資料庫

工具列

開啟AI功能

文字轉圖表 | Mermaid

輸入文字內容

```
graph TD
    A[開始準備] --> B[報告會議中心選項]
    B --> C{總經理是否滿意}
    C -->|不滿意| D[討論其他地點]
    D --> C
    C -->|滿意| E[預約會議中心]
    E --> F[聯繫外燴公司準備點心及茶飲]
    A --> G[茶會當天準備]
    . . .
```

(ChatGPT生成內容)

預覽

插入(Insert) →

到這裡你可能會心生疑問：為了畫張流程圖還得花時間學習 Mermaid 語法怎麼寫，不是搬磚頭砸自己的腳嗎？

別擔心，這個問題全部交給 ChatGPT！

STEP 2　ChatGPT 改寫語法

現在我們切換到 ChatGPT，請它將文字轉成結構性的綱要，並用 Mermaid 語法規劃流程圖的細節。

為了讓 ChatGPT 的回答內容更加精準，可以在指令中善用兩個技巧：

- 請 AI 根據資料提取「流程重點」或是「關鍵步驟」。
- 限制以 Mermaid 語法輸出。

舉例來說，現在公司要辦理一場商業茶會，同事在會議上說明了籌備流程，我們可以將隨手寫下的內容直接丟給 ChatGPT 處理，輸入指令如下：

輸入：

請根據以下活動說明提取流程重點，以 Mermaid 語法清晰呈現整個活動的流程。

活動說明：

最近公司準備推廣新型的雲端服務，總經理決定舉辦一場茶會，邀請潛在客戶參加。關於地點，我先呈報上次合作過的會議中心，如果總經理不滿意，我們再討論其他適合的地點，直到總經理說 ok，再來預約，同時，也要聯繫外燴公司準備點心及茶飲。現在要分工處理茶會當天的幾個工作項目：邀請嘉賓、邀請媒體單位、預先準備新聞稿、安排支援人力。另外，在茶會結束前，大家互相提醒一下，別忘了拿出送給來賓的宣傳手冊。

ChatGPT 回答：

graph TD

    A [開始準備] --> B [報告會議中心選項]

    B --> C { 總經理是否滿意 }

    C --> | 不滿意 | D [討論其他地點]

    D --> C

    C --> | 滿意 | E [預約會議中心]

    E --> F [聯繫外燴公司準備點心及茶飲]

    A --> G [茶會當天準備]

    G --> H [邀請嘉賓]

    G --> I [邀請媒體單位]

G --> J [準備新聞稿]

G --> K [安排支援人力]

G --> L [茶會結束前確認宣傳手冊]

L --> M [活動結束]

上面的英文字母、箭號、括弧等符號就是 Mermaid 語法。請連帶其他文字內容，全部複製貼上到 Excalidraw。

這個方法的優點是，我們不必絞盡腦汁思索該如何將文字轉為流程圖，用口語化的描述，甚至有點凌亂的隨手筆記，都能直接丟給 ChatGPT，讓 AI 整理成清晰的架構。

STEP 3
快速產出流程圖

接著再回到 Excalidraw，開啟「Mermaid」功能，輸入上一步驟 ChatGPT 生成的內容後，右側「**預覽**」（Preview）視窗就會出現 AI 自動生成的流程圖，接著點選「**插入**」（Insert）來編輯圖表細節。

STEP 4 調整與匯出

　　我們可以將 AI 生成的流程圖當作基礎，繼續調整內容或是進行美編。

　　例如，使用工具列的「繪圖」（Draw）添加手繪風格的圖案，或是用「插入圖片」（Insert Image）上傳輔助說明的照片。當然，我們也能自由切換流程圖內的文字字型、顏色、對齊方式等美編設計。

　　完成後，點選畫面上方的「設定」就能匯出這張精美的流程圖囉！

　　所謂「一圖勝千言」，流程圖透過簡單的關鍵字、幾組線條就能說明一切。更棒的是，如今有了 AI 幫忙，想繪製一張專業的流程圖，彈指之間就能完成！

Excalidraw 實際成果展示

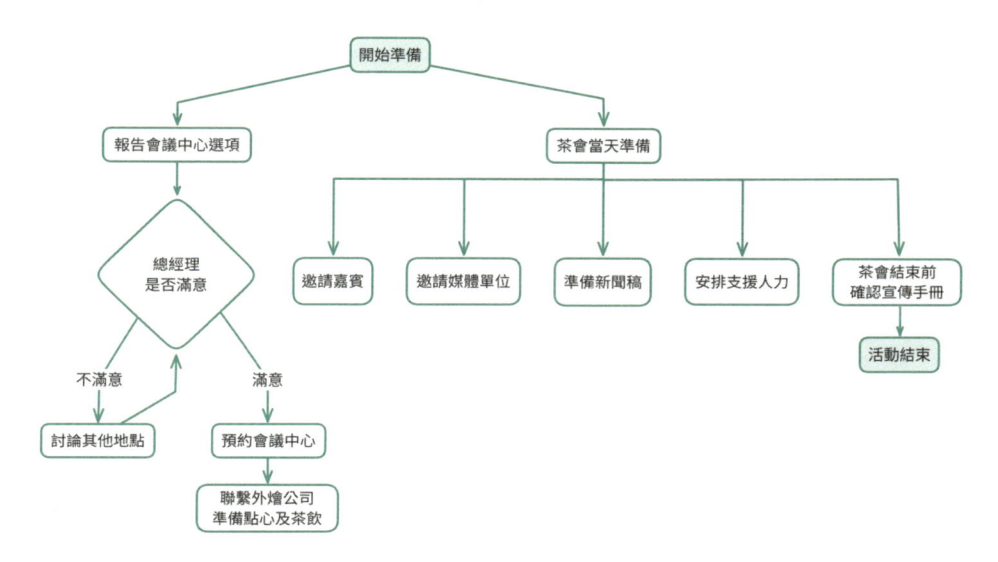

```
                              開始準備
                    ┌────────────┴────────────┐
              報告會議中心選項                茶會當天準備
                    │         ┌──────┬──────┬──────┬──────┐
                 總經理      邀請嘉賓 邀請媒體單位 準備新聞稿 安排支援人力 茶會結束前
                是否滿意                                              確認宣傳手冊
              ┌────┴────┐                                                │
           不滿意      滿意                                            活動結束
             │          │
         討論其他地點  預約會議中心
                        │
                     聯繫外燴公司
                     準備點心及茶飲
```

技巧再升級

技巧 1　善用資料庫與範本功能

　　如果我們在工作中設計出一個獨特且實用的流程圖，希望未來還能繼續使用，只需要對著流程圖按右鍵「加入資料庫」，即可將這次的設計儲存到個人資料庫中。下次遇到同類型工作時便能直接取用。

　　更棒的是，我們還可以在「資料庫」裡面瀏覽各式各樣的美編素材、插畫圖樣，甚至是其他人設計的圖表模板，還

能套用到自己的作品中。藉由這些資源，作品的視覺效果將會更豐富多彩。

技巧 2　開啟即時協作模式

如果需要與同事一邊討論一邊修改流程圖，可以點選畫面上方的「共享」按鈕，分享網址，就能立刻多人連線、共同編輯。

實用工具連結

Excalidraw

17 AI 心智圖助你理清思緒／Xmind AI

今天，祕書 Nicole 突然接到老闆臨時交代的幾項任務。

「Nicole，最近有些人要職務輪調，大家抱怨舊版的交接手冊太複雜、看不懂，請妳想個辦法。」

老闆剛說完，隨即又補充：「對了，麻煩妳每週幫公司寫一篇 SEO 文章放在網站上，看能不能吸引到更多顧客。」

Nicole 對這兩項突如其來的任務都沒有過實際經驗，一時間感到很混亂。隔壁同事察覺到她的困擾，建議她：「Nicole，可以試試看用心智圖整理資訊，我覺得很管用。」

「可是……畫心智圖會不會很花時間啊？」

「不會啦，現在用 AI 畫心智圖很方便，給它一個關鍵字，AI 就會自動擴展內容，幫妳畫出漂亮又有條理的心智圖，超方便的！」

Nicole 照著同事的建議，使用 AI 心智圖來整理任務。她發現，原本零散的資訊瞬間變得層次分明、井然有序，自己也更清楚執行任務的方向了。

Xmind AI 自動生成心智圖

心智圖是一種簡單好上手的分析工具，透過視覺化的圖像，快速將雜亂無章的資料分類歸納，並提取出關鍵要素，讓我們的思考更有效率，做事也更有條理。對於職場上班族來說，心智圖能將破碎的資訊重新組裝，有助於迅速掌握工作的全貌，縮短我們像無頭蒼蠅一樣亂闖的時間。

如今藉助 AI 之力，手動畫圖的麻煩都能省略了，每個人都能輕鬆製作精美的心智圖。接著將介紹如何使用「Xmind AI」這款工具自動生成心智圖。

操作步驟

STEP 1
快速掌握 Xmind AI 的使用方式

先進入 Xmind AI 的官方網站（連結附於文末）。首次使用時，先以 Google 或是 Apple 電子郵件帳號註冊即可免費使用。接著選擇「New Map」，開啟一個空白的心智圖檔案。

一開始，畫面中央會出現簡易的心智圖範本，我們在顯示「Central Topic」的方框內輸入一個問題，再點擊下方工具列的「Copilot」按鈕，AI 就會依據問題發想相關聯的

內容，自動產出一張心智圖。

　　值得一提的是，如果我們對於心智圖上某個特定的項目感興趣，只要選取該項目，再次點擊「Copilot」按鈕，AI就會繼續發展下一層的內容，提供更深入詳細的資訊。用這樣的方式便能有目的地擴展內容，讓心智圖的層級結構逐漸發展成符合自己需求的樣子。

　　在手動編輯心智圖時有個方便的小技巧：可以用鍵盤上的「Enter」、「Tab」快捷鍵來新增同一層級、下一層級的項目（等同於快速插入一個分支），或是用「Delete」快捷鍵來刪除特定項目。

　　此外，透過畫面下方的工具列，還能插入圖片、方程式、超連結等輔助說明的素材，讓整張圖的敘事脈絡更加清晰。

　　畫面上方的「樣式設計」功能也非常實用。我們可以在此調整許多美編設計的細節，例如：字型、字體大小、色彩搭配、框線樣式等，還能在「Skeleton」（主圖架構）選單中，一鍵切換不同的整體視覺效果，像是線條隨興的手繪風格，或是稜角分明的數位風格，都能自由變換。

Xmind AI 操作流程說明

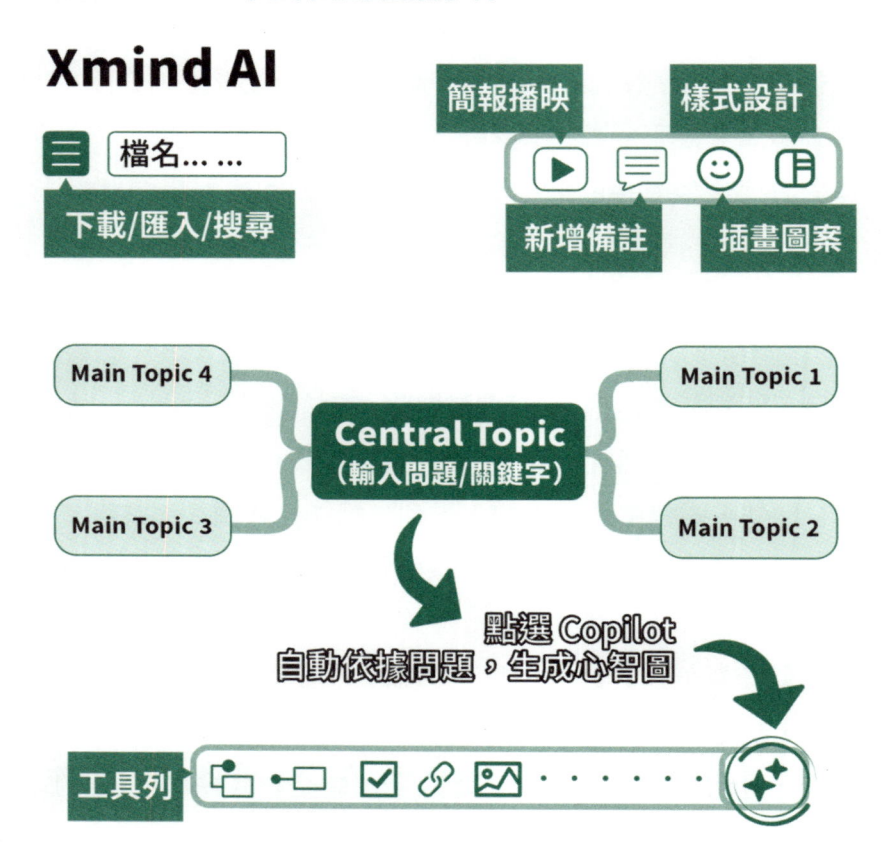

Xmind AI

檔名… …

下載/匯入/搜尋

簡報播映　樣式設計

新增備註　插畫圖案

Main Topic 4

Main Topic 3

Central Topic
（輸入問題/關鍵字）

Main Topic 1

Main Topic 2

點選 Copilot
自動依據問題，生成心智圖

工具列

接下來繼續介紹，如何用 AI 心智圖幫助自己快速上手新的工作。

STEP 2
用 AI 心智圖學習新工作

面對一項新工作，我們習慣先搜尋網路文章、翻閱書籍，或是觀看 YouTube 影片來學習新知。但這些搜尋來的資訊碎片時常不容易整合。

在這個時候用 AI 畫張心智圖，就可以迅速理清資訊脈絡。

舉例來說，Nicole 要幫公司撰寫 SEO 文章，但她沒有相關經驗，於是在 Xmind AI 輸入問題：「SEO 文章需要注意哪些細節？」

點擊「Copilot」之後，AI 立刻分門別類列出相關技巧，例如長尾關鍵詞、圖片設定 alt 標籤、建立外部鏈結等。Nicole 一時之間對於這些詞彙仍然感到陌生，但她馬上知道一篇 SEO 文章該注意哪些細節，以此為基礎就能繼續延伸學習，有條有理地推進工作。至於該如何對 Xmind AI 下指令才能得到好的成果呢？一個小技巧是「保持精簡」！

根據經驗，如果在 Xmind AI 輸入複雜的字句，會不容

易擴展心智圖。以下提供幾種實用的指令，歡迎參考：
- 如何快速完成○○任務？
- 在執行○○工作時需要考慮哪些細節？
- 請列出○○主題的所有關鍵技巧（或基礎知識架構）。

STEP 3 用 AI 心智圖整理雜亂資料

如果我們對心智圖該呈現的內容已經有明確的構想，或是想運用 AI 心智圖整理雜亂的資料，此時 STEP 2 的方法就不適用了。受限於工具本身的限制，我們無法將過多的資料輸入 Xmind AI，那麼該如何解決呢？

讓 ChatGPT 擔任中繼處理的角色，是最有效率的方式！

先請 ChatGPT 從冗長的資料中提取精華，並用「Markdown 語法」轉化為適合製作心智圖的格式，再交由 Xmind AI 繪製。

舉例來說，Nicole 現在想用心智圖呈現職務交接的細節，她可以這麼下指令：

輸入：

我準備將職務交接的細節以心智圖呈現，請參考上傳的檔案，梳理出所有重要的項目，分門別類，最後以

Markdown 語法輸出。

（同時上傳參考資料，例如舊版的交接手冊或是網路上的範本。）

ChatGPT 回答：
職務交接注意事項
例行細節
— 工作內容
— 短、中、長期各類工作內容
— 當前進度
— 目前各項工作的執行情況
行政庶務
— 辦公設備
— 常見的辦公室設備操作方法
— 網站帳戶
— 工作內容相關的網路帳號與密碼
— 檔案存放
— 紙本與電子檔案存取位置……

　　從 ChatGPT 的回答可以觀察到，我們透過 Markdown 語法將原本的資料整理為有層次的格式，這將會對應心智圖一層一層向外輻射而出的結構。

接著將 ChatGPT 生成的內容全部複製到「純文字文件」，例如電腦內建的「記事本」或「文字編輯」軟體，存檔時務必注意以下兩個部分：

- 將存檔類型改為「所有檔案」。
- 在檔案名稱處，將副檔名設定為「.md」，例如：職務交接注意事項 .md。

如此一來，這份檔案就轉變成 Xmind AI 可以直接讀取的形式了。

最後我們再回到 Xmind AI。先點選畫面上方三條橫線的按鈕，再點選「Import file」匯入檔案，一張精美的心智圖就自動完成囉！

Xmind AI 實際成果展示

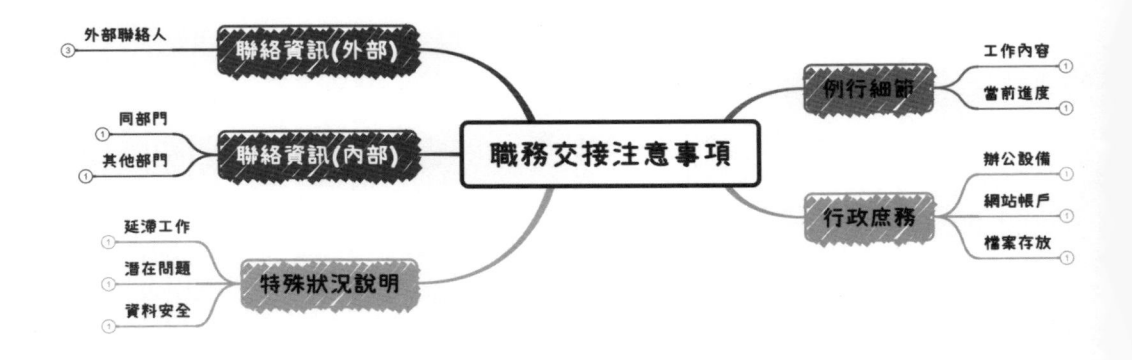

透過上述操作方式，AI 能在短時間內從繁雜的資料中提取核心內容，又能確保心智圖的每處細節和內容精準度，不會過度延伸產生無關的分支。

STEP 4 匯出檔案

點選畫面上方三條橫線的按鈕，再使用「Export as」設定匯出的檔案類型，即可儲存我們製作的心智圖囉！

技巧再升級

技巧 1 簡報播映

開啟「Pitch mode」提案簡報模式，系統將會以投影片的方式，循序播放心智圖中的各層主題，並自動附帶轉場動畫效果，而我們原先在心智圖上插入的圖片及文字註解，也會同步顯示於對應的投影片中，可說是種新穎有趣的簡報方式。

AI 小講堂

AI時代到來讓效率主義掛帥。然而在高效率的背後，可能伴隨了一些無形中的代價，特別在培養思考能力上。

舉例來說，如果我們手動繪製心智圖，勢必要從零開始，以個人邏輯推敲，進而逐步拼湊成型。每個步驟都有助於提升思維能力，但若靠著AI直達終點，對於思維能力的鍛鍊恐怕會收效甚微。其中利弊該如何權衡，是AI浪潮下的大哉問。

實用工具連結

Xmind AI

18 打開 AI 的創意開關／ChatGPT

不曉得你是否曾遇過這樣的困擾？每次請 AI 撰寫文案時，產出的內容總是冷冰冰，隱約帶著一種機械感，更麻煩的是，AI 給出的文章雖然語句通順，卻往往搔不到癢處，讓人覺得還不如自己動手寫來得有效率。

如果你也曾抱怨過 AI 的回答太過籠統，那問題很可能出在我們的「指令」不夠明確。在回答什麼是「明確」的指令之前，先了解生成式 AI 工具（或稱大型語言模型，LLM）的運作機制，會對我們更有幫助。

以最廣為人知的 ChatGPT 為例，雖然我們總是稱它為「問答」機器人，但它的本質更像是一場「文字接龍遊戲」。當我們輸入指令，AI 會參考它接受過的大量訓練資料，根據機率選出我們最期望出現的下一個詞彙，一個銜接一個，逐步串聯成完整的文章。

因此,「明確」的指令就是讓 AI 明白整個接龍遊戲的規則:每一步如何進行?最後達到什麼樣的效果?當我們掌握了這個原理,就能避免 AI 生成平淡無奇的內容,更能開啟它的創意開關!

讓ChatGPT有效發揮創意的3大妙招

當我們使用 AI 處理職場上的「硬性」工作時,例如怎麼用 AI 設計 Excel 公式、讓 AI 執行文件轉檔等,由於這些工作的目標非常明確,我們只要平鋪直敘輸入指令,都能順利完成工作。

然而,面對設計文案、翻譯、創意思考等「軟性」工作時,如何讓 AI 的回答既靈活生動又符合我們的需求,就需要一些不同的技巧來幫忙了。

接著將循序漸進地介紹,讓 AI 有效進行創意發想的 3 大妙招。

操作步驟

STEP 1

妙招1：角色扮演

激發 AI 創意的第 1 個妙招，就是在每次提問時為 AI 設定一個合適的「角色」。為何這麼做很重要？

因為像 ChatGPT 這類大型語言模型，在龐大的資料訓練下涵蓋了眾多專業領域的知識。這意味著，它可以扮演醫生、律師、工程師，甚至是小說家等數以千計的角色。如果我們沒有明確指定角色，AI 未必能準確捕捉到我們期待的寫作風格，從而產出過於籠統或不符合需求的回覆。

舉例來說，假設我們想撰寫一篇通俗易懂的科普文章，如果沒有指定角色，AI 可能會選擇以一位科學家的視角回應，生成的文章就會充斥著各種專業術語，讀起來艱深難懂。

接著我們用一個簡單的案例來說明「角色扮演」。假設我們要為一款滑鼠撰寫文宣，手邊卻只有枯燥的功能介紹，這時可以讓 AI 來扮演行銷專家。

原文：

本款滑鼠具備以下特點：優良的感應技術，可在玻璃與各式桌面材質上，進行精準操控。外型設計符合人體工學，

可降低長時間使用的腕部疲勞。多元的功能鍵設定，可滿足複雜工作與遊戲的需求。

輸入：
假設你是一位社群行銷專家，請將這段關於滑鼠功能的描述，改寫成能吸引消費者的宣傳文案。

ChatGPT 回答：
解放你的操控潛能，體驗前所未有的滑順操作！
- 全方位感應技術：無論是玻璃桌面還是特殊材質，都能精準捕捉你的每一個細微動作。
- 人體工學設計：符合手部曲線，長時間使用也能輕鬆自如，遠離腕部疲勞。
- 多元功能鍵設定：自由定制按鍵功能，滿足你在複雜工作與激烈遊戲中的一切需求。

立即入手，升級你的操作體驗，讓效率與樂趣同步提升！

STEP 2
妙招 2：步驟拆解

激發 AI 創意的第 2 個妙招，就是將一項工作拆解成幾個明確的步驟。

正如前面所提到，ChatGPT 的本質是一場「文字接龍遊戲」，透過步驟拆解，我們可以清楚設定每個步驟的具體任務，讓 AI 按表操課，既能提高內容品質，也能避免偏離主題。

舉例來說，「翻譯」是許多人喜愛用 ChatGPT 執行的工作，在「信、達、雅」三項原則中，ChatGPT 對「信」與「達」的表現通常不錯，但在「雅」這方面卻容易出問題。很多人在閱讀 AI 翻譯的內容時會感覺到單調，甚至帶有一點機械感。

背後的原因在於，「雅」涉及到創意與感性表達，我們需要提供更技巧性的指示才能讓 AI 辦到。如果將翻譯這件工作拆解為 3 個明確的步驟：「翻譯、檢查、潤飾」，最後的成果將會截然不同。

以下引用 19 世紀英國文豪狄更斯的名著《雙城記》中的一小段文字，展示「步驟拆解」的驚人效果。

原文：

When his host followed him out on the staircase with a candle, to light him down the stairs, the day was coldly looking in through its grimy windows. When he got out of the house, the air was cold and sad, the dull sky overcast, the river dark and dim, the whole scene like a lifeless desert.

輸入（一般版本）：

請以流暢優美的文筆翻譯這篇文章。

ChatGPT 回答：

當他的主人拿著蠟燭，在樓梯上送他下去時，透過骯髒的窗戶，冷冷地映入日光。當他走出房子，空氣冷清且憂傷，陰沉的天空低垂，河水昏暗不明，整個場景宛如一片無生命的荒漠。

輸入（步驟拆解）：

請一步一步執行以下步驟翻譯這篇文章。

步驟一：假設你是一位精通古典英語小說的專職翻譯，請將這段故事翻譯為繁體中文。

步驟二：假設你是一位具備深度語言學知識的文學評論家，請檢視步驟一的翻譯品質、用詞風格、語義的準確度，提出詳細的修改建議。

步驟三：假設你是一位擅長分析中文小說的編輯，請根據步驟二的建議，重新潤飾這篇故事，使其用詞與句式更貼近中文的表達方式。

ChatGPT 回答：
當主人持著蠟燭在樓梯上引路時，外頭的日光透過污濁的窗戶，冷冷地照射進來。他踏出房門，迎面而來的是陰冷而淒涼的空氣，灰濛濛的天空低垂壓抑，河流暗淡無光，整個場景宛如一片死寂的荒漠。

我們可以觀察到，使用「步驟拆解」技巧之後，AI 翻譯的內容更有韻味了！

STEP 3

妙招 3：使用分隔符號

激發 AI 創意的第 3 個妙招，就是使用分隔符號（Delimiters）清楚地區分指令內的不同要求，讓 AI 更容易理解上下文。這就好像我們閱讀條列式的內容會比閱讀長篇大論更容易抓住重點，AI 也是如此。

舉例來說，假設在一段指令中，我們同時運用了角色扮演、步驟拆解，並限制了文章字數，好幾項要求擠在一起時，AI 可能會一不小心就遺漏了某些重點。這時，分隔符號能幫助我們清楚劃分每一項要求，讓 AI 有條理地完成任務。

使用分隔符號的方法十分簡單，只要選擇一些足夠獨特、不屬於常見標點符號的字符即可，例如「#」或是「" "」。實際的應用方式請繼續閱讀「技巧再升級」的介紹。

技巧再升級

技巧 1　整合運用 3 大妙招

　　前面介紹的 3 大妙招並非彼此獨立,我們可以根據實際的工作需求,靈活搭配使用。以下舉一個完整運用這 3 個技巧的案例,歡迎參考。

> 有可複製的指令範例

Persona
假設你是一位擅長科普教育的作家。
Instructions
請運用下方範例文章內的專業知識,寫一篇適合國小學生閱讀,有關「宇宙大爆炸」的文章。
Tone
生動活潑的語調。
Reference Text
範例文章:(複製貼上有關「宇宙大爆炸」的科學知識……)
Steps
步驟一:分成四個段落,依序介紹有關宇宙大爆炸的重要知識。
步驟二:檢查用字遣詞過於艱深的地方,在確保正確性

的前提下，提出詳細的改進建議。

步驟三：根據前一步驟的建議，重新將文章改寫為通俗易懂的版本。

Format

限制字數：3,000 字以內。

限制語言：繁體中文，並請使用台灣人熟悉的單字、修辭及慣用語。

　　這段指令使用了「# Persona」代表角色扮演、「# Instructions」代表任務內容、「# Steps」則代表步驟拆解。特別使用英文的原因在於，ChatGPT 等主流的生成式 AI 模型，對於英文的敏銳度比中文更高，因此，使用英文來設計分隔符號能獲得品質較佳的成果。

19 將文字轉為視覺化圖表／Napkin AI

　　Emma 最近注意到，同事 Jason 每次向主管報告時，總會搭配幾張設計精美的圖表，不但把資料講解得更清楚，也讓整場報告看起來更有說服力。這讓她感到相當好奇，因為自己在準備報告時，總是為了資料的呈現方式絞盡腦汁，效果卻不盡理想。她按捺不住好奇心，決定開口詢問。

　　「Jason，我看你每次報告搭配的圖都超好看！那是怎麼做出來的啊？會不會很花時間？」

　　Jason 笑著回答：「偷偷跟妳說，我現在都用 AI 設計，只要輸入文字，立刻就會生出漂亮的圖表，整個過程都是自動化，不用花多少時間喔！」

　　Emma 睜大眼睛，似乎有點難以置信：「真的？那你不用手動調整顏色，或是設計圖案嗎？」

　　Jason 回答：「基本上那些事情 AI 都會搞定，我只要簡單調整一點細節。比起以前用 PPT 手動製圖，效率真的快多

了，非常方便呢！」

聽完 Jason 的分享，Emma 頓時對這種新的 AI 應用方式產生濃厚的興趣。她相信，有了 AI 的幫忙，未來準備報告的效率一定會大大提升！

Napkin AI 一鍵生成視覺圖

無論是提案、簡報，或是任何需要向他人說明概念的場合，有效的溝通都至關重要。為了讓我們的內容更容易被理解，「將文字視覺化」成為許多上班族的必備技能，而「視覺圖」更是商務報告中不可或缺的元素。

然而，視覺圖的設計與美編需要耗費大量的時間和精力，因此成為許多經常需要做簡報、上台報告的人的痛點。

現在只要運用「Napkin AI」，即可將一段文字瞬間轉成美觀的視覺圖，不僅操作簡單，還能讓說服力倍增！

操作步驟

STEP 1　快速掌握 Napkin AI 的使用方式

Napkin AI 的賣點雖很單純卻很實用。它能將我們輸入的文字轉成簡單易懂的視覺圖像，讓文字背後的邏輯與概念，

以兼具趣味的方式傳遞給每個閱讀的人。

請開啟 Napkin AI 的官方網站（連結附於文末），首次使用時，以 Google 帳號或其他電子郵件登入即可。

操作方式非常簡單：複製貼上一段文字之後，點擊旁邊浮現的「閃電」按鈕，Napkin AI 就會自動分析這段文字背後的概念，接著就會生成一幅精美的視覺圖。

實際應用時，我們可以直接貼上數千字的長篇報告或是整份簡報的文字內容，再用滑鼠逐一圈選需要繪圖的段落，一段一段地生成合適的圖像。

此外，Napkin AI 的操作介面上還有幾個功能按鈕：

- Library：歷史記錄區，儲存所有創作內容。
- New Napkin：開啟新頁面，可以用來區分不同主題的內容，避免新舊資料或是不同的工作項目混雜在一起。
- Share：用連結將成果分享給其他人。

Napkin AI 的厲害之處在於，它不是單純把我們貼上的文字轉成圖片，而是先透過 AI 分析這段文字的核心概念與架構，抓出關鍵字，接著設計合適的圖形樣式，最後創作出一張邏輯通順的示意圖。

Napkin AI 操作介面示意圖

Napkin AI

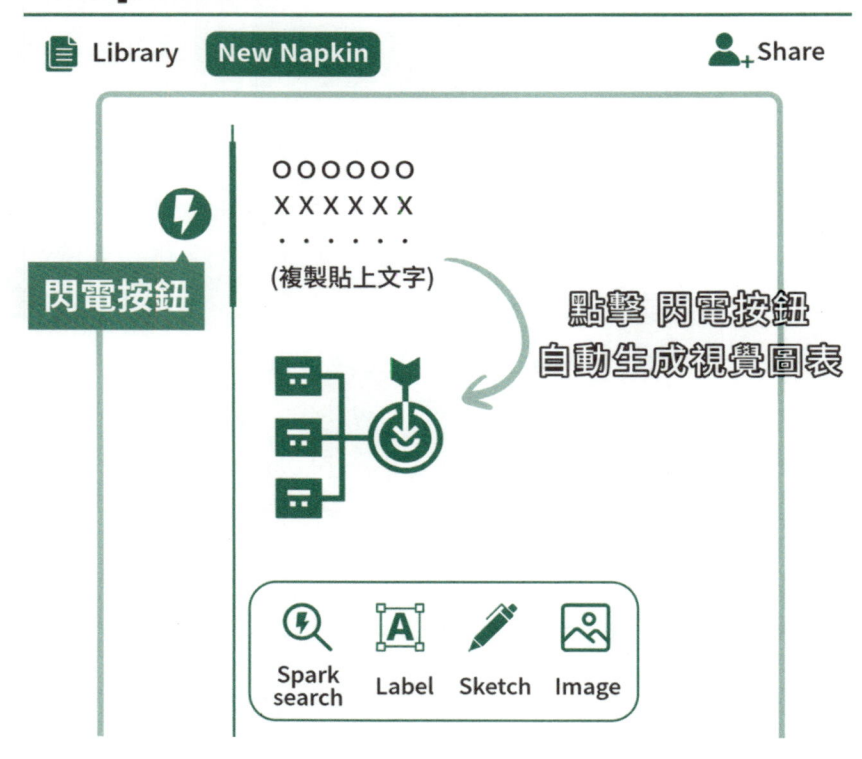

Library | New Napkin | Share

○○○○○○
✕✕✕✕✕✕
‧‧‧‧‧
（複製貼上文字）

閃電按鈕

點擊 閃電按鈕
自動生成視覺圖表

Spark search | Label | Sketch | Image

STEP 2
自由切換設計風格

　　Napkin AI 還有一個非常實用的功能：可以一次提供多種設計風格，任君挑選！

　　當我們將文字貼上並點擊「閃電」按鈕後，側邊會自動彈出一個小視窗，展示出多種設計風格的模板（也可視為不同類型的示意圖），只需用滑鼠在模版上來回移動，就能快速預覽各種視覺化效果。

　　選定主要的設計風格後，還會進入下一層，挑選幾種由 Napkin AI 建議的美編樣式。此時同樣可以用滑鼠在樣式間自由切換，預覽最終成果的樣貌。這個設計上的小巧思令人稱許，因為這意味著，我們只需要輸入一次文字，就能生成多種視覺化結果，在工作上可以根據簡報情境或是對象需求，靈活選擇合適的風格，實用性相當高！

　　更值得一提的是，在切換不同的示意圖模板時，並不只是美術效果有所改變，連文字內容也會自動調整。具體來說，AI 會根據每款示意圖的表達邏輯，適當調整文字的呈現方式。

　　舉例來說，下面兩張圖都是用同一段描述「企業邁向淨零永續」的文章創作而成。儘管原始文字內容完全相同，

Napkin AI 卻能在不同類型的圖表中，靈活調整關鍵字的呈現方式，使文字與圖形的視覺效果和諧且邏輯清晰。

Napkin AI 實際成果（1）

當前碳足跡

設定減碳目標

實施減碳策略

與供應鏈合作

監測和報告進展

持續改進與創新

實現淨零永續

Napkin AI 實際成果（2）

- 創新技術
- 碳足跡評估
- 策略評估
- 科學基礎減量目標
- 員工培訓
- 能源效率
- 監測與報告
- 可再生能源
- 供應鏈合作
- 流程改善

淨零排放

STEP 3 調整美編設計

　　Napkin AI 產出的結果並不是「格式固定」的圖片。圖中的設計元素，如圖案、線條、插畫、字體與色彩，幾乎都能依照個人需求手動修改。因此，我們不必擔心 AI 生成的圖片一次就成定局，事後可以隨時按照需求調整內容，可塑性與靈活度都很高，非常實用！

　　舉例來說，如果我們想在「Napkin AI 實際成果（1）」這張圖中，在「持續改進與創新」的下方新增一個項目，只需要將滑鼠移到該位置，點選自動出現的「＋」符號即可。

　　此外，我們還能運用畫面上預設的功能按鈕增添一些美編元素：

- Spark search：新增插畫圖案。
- Label：新增文字內容，通常用於補充說明。
- Sketch：新增手繪線條。
- Image：上傳圖片或照片。

STEP 4
下載圖片

　　Napkin AI 支援 PNG、SVG、PDF 等不同的下載格式，也能調整解析度或是設定透明背景，足以應付一般的書面報告和簡報製作需求。

AI 小講堂

國外有句俚語「A picture is worth a thousand words」（一圖勝千言），意旨在許多情境下，一張圖像所傳遞的意涵往往比好幾頁文字更傳神。Napkin AI的研發團隊早年在設計兒童教材時深刻體會到這一點，因此希望將「用視覺圖呈現文字」這種溝通方式推廣給更多人。

然而，要利用電腦程式精準捕捉概念的核心，並以恰當的圖樣呈現，已經不容易。當需求來自不同使用者且變化無窮的時候，研發更是舉步維艱。就在此時，生成式AI彷彿為技術難題提供了解方，成功填補了關鍵缺口，最終促成了Napkin AI問世。

雖然Napkin AI目前仍處在beta測試階段，部分細節尚待改進，但它已讓「文字視覺化」這件事變得輕鬆自在。這不僅是工具本身的突破，更讓我們得以窺見AI技術的無窮潛力。

實用工具連結

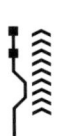

Napkin AI

20 讓 AI 化身 Excel 公式助手／ChatGPT

「Excel 又不乖乖聽話了，該怎麼辦才好？」

Henry 一邊在心裡抱怨、一邊努力跟眼前的 Excel 檔案奮戰。

他經常使用 Excel 整理各式資料，可能是客戶填寫的表單內容，也可能是準備呈給主管的分析報告，有時甚至需要分析上百條數據。每當遇到棘手問題時，Henry 總想試著用公式解決，然而……

「結果又錯了！我用了網路上教的公式還是不行，到底哪裡出了問題呢？」

即使花費大量時間上網找答案，往往還是難以活用公式來解決眼前的問題，只能陷入了無休止的 try and error 循環。有時候甚至連應該用哪種 Excel 公式都想不到。

Henry 感到非常沮喪，最後只好面對現實，勉強手動整理資料，既耗時又讓工作效率大打折扣。

「真希望有個人能教我該用哪條公式解決這個問題啊！」

ChatGPT化身Excel公式助手，解決難題的新利器

Excel是職場必備工具之一，然而，無論是老手還是新手，都可能遇到不知道如何下手、應用不熟練，也不確定公式邏輯的困擾。

現在有了AI幫忙，這些難題都能秒殺，AI如ChatGPT還能化身成你的Excel專屬助手兼教練，迅速判斷該用哪條公式，甚至還能提供詳細的步驟教學！

操作步驟

STEP 1
描述現狀、設計指令

ChatGPT除了常見的寫文案、翻譯、繪圖等功能，在解讀與設計Excel公式方面的表現也很令人驚豔。

我們使用Excel時最常遇到的困擾是，無法聯想眼前的問題能用哪些公式處理，即使上網找資料也未必能得到合適的答案。而ChatGPT的強項就在於能根據我們簡單的口語描述，迅速判斷該用哪項公式，還會提供完整的操作流程。有了ChatGPT幫忙，我們甚至不必理解公式的細節，也能輕鬆運用在日常工作中。

為了順利取得我們想要的成果，對 ChatGPT 下指令時，具體描述自己的需求非常重要。請參考以下三項原則，設計合適的指令內容：

- **任務目標**：請 AI 協助設計合適的公式（函數）。
- **預期成果**：口語描述最終希望的成果，例如：跨欄位運算、篩選特定條件的數據、重新整理資料等。
- **其他需求**：提供詳細的執行步驟、設計一個示範案例，或是提出其他需求。

STEP 2
上傳檔案，取得解答

ChatGPT 除了能從電腦上傳檔案，也能直接從 Google 雲端硬碟或是 Microsoft OneDrive 開啟檔案進行分析。

上傳資料後，ChatGPT 將會自動顯示「Excel 瀏覽視窗」，讓我們檢視表格的詳細內容。

在 Excel 瀏覽視窗中，直接用滑鼠圈選特定的表格範圍，即可指示 AI 針對資料進行分析、整理，或是製作圖表，操作方式相當流暢簡便。

如此一來，我們就能一邊對照表格，一邊與 AI 對話，不必反覆在 ChatGPT 和 Excel 兩個不同的軟體視窗之間切換了。

此外，如果檔案涉及公司機密資料而無法上傳到 ChatGPT，這時該怎麼辦呢？

別擔心！不能上傳檔案的時候，我們可以先把 Excel 表單的「長相」描述清楚，例如：A 欄位是產品名稱、B 欄位是價格……，再提出希望解決的問題，ChatGPT 同樣能提供詳細的解答。

接著就用兩個案例來說明，如何讓 ChatGPT 化身 Excel 公式助手。

STEP 3
案例分享：多重資料分析

公司決定根據產品庫存量的多寡設定不同的優惠折扣，期望讓業績提升並且減少庫存。

Henry 的任務是幫每個產品計算新售價，令他苦惱的是，公司有數百樣產品，每樣產品的庫存量都不同，如果要人工逐一比對哪個產品適用哪種折扣，恐怕要忙到天荒地老！於是，Henry 決定請 ChatGPT 幫他解決這個難題。

上傳完庫存資料後，畫面馬上出現 Excel 瀏覽視窗，用滑鼠圈選「庫存量」那一欄，輸入以下指令：

輸入：

我想根據下方的折扣規則，判斷每個產品適用哪種優惠折扣，請你思考適合此情況的函數，並提供具體的執行步驟。

折扣規則：

庫存量超過 1500 件，折扣為 20%。

庫存量超過 1000 件，折扣為 15%。

庫存量超過 500 件，折扣為 10%。

庫存量低於 500 件，折扣為 5%。

ChatGPT 回答：

您可以使用以下步驟來操作：

- 在 C2（或者是您選擇計算折扣的第一個儲存格）輸入以下公式：
- =IFS（B2>1500, 20%, B2>1000, 15%, B2>500, 10%, TRUE, 5%）
- 請確保這個公式中的 B2 指向庫存量的儲存格。
- 選擇 C2 儲存格，把滑鼠指標移動到儲存格的右下角，當它變成小十字時，向下拖曳自動填充公式。
- 如果您的 Excel 版本不支援 IFS 函數，還有一個選項是使用 LOOKUP 或 VLOOKUP 函數結合一個參照表。如果您對此有興趣，我可以提供具體的步驟和示範。

ChatGPT 擔任 Excel 公式助手

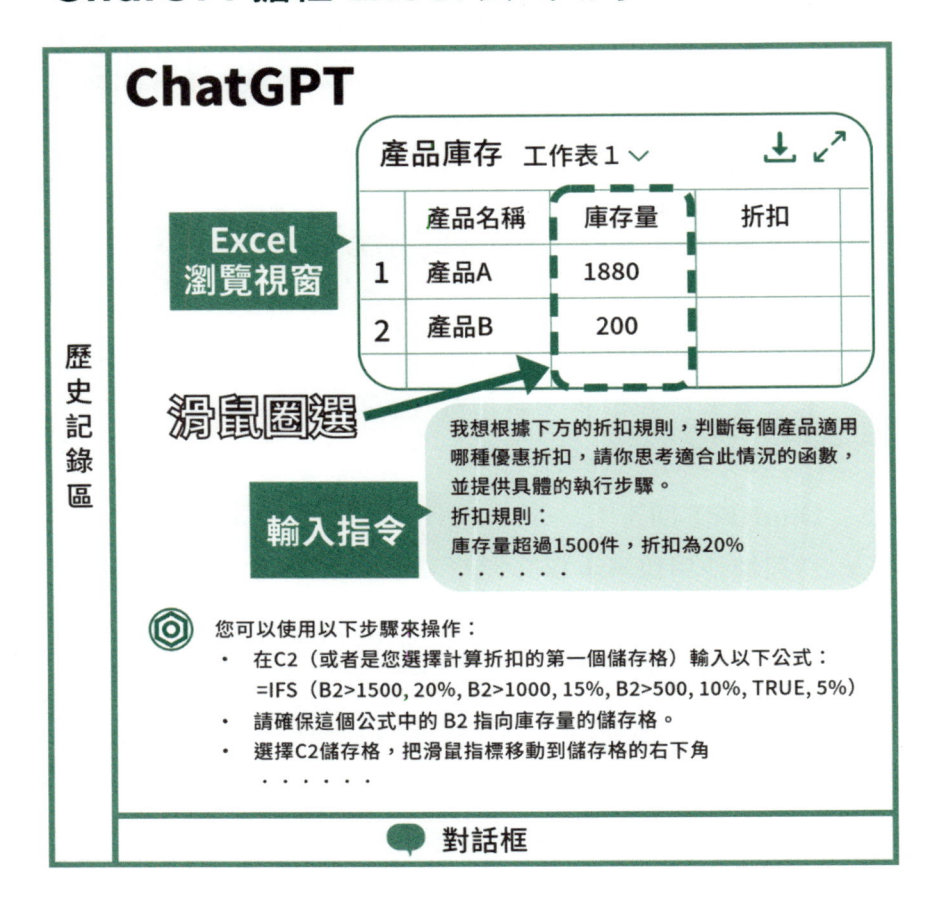

ChatGPT

產品庫存　工作表1

	產品名稱	庫存量	折扣
1	產品A	1880	
2	產品B	200	

Excel 瀏覽視窗　滑鼠圈選

歷史記錄區

輸入指令

我想根據下方的折扣規則，判斷每個產品適用哪種優惠折扣，請你思考適合此情況的函數，並提供具體的執行步驟。

折扣規則：
庫存量超過1500件，折扣為20%
‧ ‧ ‧ ‧ ‧ ‧

您可以使用以下步驟來操作：
- 在C2（或者是您選擇計算折扣的第一個儲存格）輸入以下公式：
  =IFS（B2>1500, 20%, B2>1000, 15%, B2>500, 10%, TRUE, 5%)
- 請確保這個公式中的 B2 指向庫存量的儲存格。
- 選擇C2儲存格，把滑鼠指標移動到儲存格的右下角
  ‧ ‧ ‧ ‧ ‧ ‧

對話框

我們可以發現，ChatGPT 立刻判斷出這個狀況該用哪條公式，並清楚說明公式的具體寫法和該填入的欄位，甚至還會提醒我們，遇到某些 Excel 版本無法使用這條公式還有別的解決辦法。真是太貼心了！

STEP 4
案例分享：文字資料整理

Henry 遇到另一個問題，主管請他用新的格式整理客戶名單。原本的名單是將姓名、職稱、公司等資料分別存放於不同欄位，現在要改成全部合併在一起。例如，「王小明一經理一〇〇公司（分別在 A、B、C 欄）」轉換為「王小明一經理一〇〇公司（D 欄）」。

這一長串的客戶資料用手動整理實在太耗時了，而且資料涉及隱私不能上傳到 ChatGPT，該怎麼辦呢？

Henry 可以這麼下指令：

輸入：

> 我有一份 Excel 檔案，A 欄是客戶姓名、B 欄是職稱、C 欄是公司名稱，現在需要將三個欄位合併存放於 D 欄，並重新整理為「姓名一職稱一公司」的格式，請你思考

適合此情況的函數，並提供具體的執行步驟。

ChatGPT 回答：
您可以使用 CONCATENATE 函數，以下是具體的執行步驟：
- 請在 D1 儲存格輸入標題，例如「合併資訊」。
- 在 D2 儲存格輸入以下公式：
=CONCATENATE（A2, "-", B2, "-", C2）
- 這樣會將 A2（姓名）、B2（職稱）和 C2（公司名稱）三個欄位的數據合併在一起，並用連字符（-）連接起來。

清楚描述 Excel 表單的「長相」，即使沒有上傳檔案，ChatGPT 依然能理解我們的問題，並給予詳細的教學指引。

整體來說，ChatGPT 能迅速診斷我們在 Excel 上面遇見的難題，提供鉅細靡遺的公式解說，讓我們在短時間內達成任務，就像身邊多了一位萬能的 Excel 助手，讓我們在工作中更游刃有餘！

技巧再升級

技巧 1　如何在 Excel 裡面直接使用 ChatGPT？

對於 Excel 重度使用者來說，如果能將 ChatGPT 加進 Excel，直接在表格上與 AI 溝通、下指令，整個工作流程將會變得更順暢。對此，我們有兩種選擇，第一，安裝微軟官方的「Excel Labs」程式，即可使用其中的 LABS. GENERATIVEAI 函數，請 AI 執行任務；第二，安裝由第三方公司開發的「ChatGPT for Excel」，同樣可以直接在表格上吩咐 AI 做事情。

需要留意的是，這些外掛程式可能因為使用了 OpenAI 的 API Keys，或因為其他因素會產生額外的費用。使用前務必確認相關細節，才不會在收到帳單時大吃一驚唷！

實用工具連結

Excel Labs 安裝連結

ChatGPT for Excel 安裝連結

21 自動生成數據統計圖表／ChatGPT

「頭痛啊，這些數據一改，又得從頭製作圖表了……」

Jeff 埋首辦公桌前，苦惱地與難纏的數據資料奮鬥著。

負責公司各類市場調查的 Jeff，經常使用 Excel 整理數據與製作圖表。雖然功能操作難不倒他，但每當數據更新或主管臨時要求修改時，他都得要花上不少時間調整和設計，讓他的工作壓力倍增。

同事 Jason 注意到他的困擾，關心地問道：「又要改圖表啦？」

「對啊，每次改數據就得重做圖表，看來今晚又要加班了。」

「可以試試看讓 AI 幫你做圖表呀！」

Jeff 聽了半信半疑：「真的嗎？該不會只能畫簡單的長條圖吧？」

Jason 笑著說：「不會啦，AI 擅長的圖表種類可多了，你趕快試試看吧！」

ChatGPT自動生成數據圖表

我們工作上最常見到長條圖、折線圖、圓餅圖、雷達圖，雖然使用 Excel 繪製圖表並不難，但是人工製圖會耗費不少時間。加上「資料視覺化」成為主流，用生動的圖表將枯燥的數據轉化為簡單易懂的形式，幾乎是每位上班族的日常任務。然而，圖表報告往往很難一次完成，因為主管或同事的要求，一次又一次手動修改圖表成為很多人的噩夢。

現在有了 ChatGPT，製作數據圖表變得輕鬆愉快，工作效率也會顯著提升，就讓我們一起告別圖表恐慌吧！

接著就來介紹如何運用「ChatGPT」自動生成不同類型的數據圖表。

操作步驟

STEP 1 優化資料格式，上傳檔案

首先，在上傳 Excel 檔案之前，請快速檢查資料格式是否過於複雜。例如，設計過於精美的表格，或是同一儲存格內包含多筆數據，都可能會導致 ChatGPT 無法正確讀取資料。

如何確保 ChatGPT 能順利理解資料？

最簡單的辦法是精簡 Excel 檔案內容，只保留繪製圖表需要的資訊，移除文字備註或無關的美編設計。此外，若是檔案中資料量過多，建議按照用途、圖表類型或資料屬性，分別存放在不同的工作表中，避免單一工作表過於雜亂。

花幾分鐘優化資料格式，不僅能降低失敗率，也能讓操作更加流暢。

上傳資料後，ChatGPT 會顯示「Excel 瀏覽視窗」，完整呈現表格內容，接下來就可以開始製作圖表了！

STEP 2
輸入指令

一般來說，ChatGPT 繪製數據圖表的指令並沒有固定的形式，只要清楚說明「圖表類型」和「資料範圍」即可。如果不知道該用哪種圖表時，也可以請 AI 分析資料並提供建議。

以下列出幾種實用的指令：
- 請分析這份 Excel 檔案適合製作哪種圖表？
- 請根據選取的數據資料，以○○為橫軸、XX 為縱軸，繪製一幅長條圖。

- 請將今年度產品一、產品二、產品三的銷售量製作成圓餅圖。
- 請用時間序列圖呈現各項資料的時間變化趨勢。

在輸入指令時,我們可以在「Excel 瀏覽視窗」內用滑鼠圈選特定的表格欄位,指定這張圖表參照的資料範圍,以避免 AI 抓取其他無關的數據。如果檔案本身的資料量不多,可以省略這個步驟。

最後稍待幾秒鐘,ChatGPT 就會端出一份美觀的圖表囉!

STEP 3
切換圖表類型

如果想快速比較不同類型圖表的視覺效果,不必重複前面的步驟,只要輸入以下指令:

輸入:

請使用相同的數據,將圖表類型切換成⋯⋯(某種圖表名稱)。

ChatGPT 支援許多不同用途的圖表，我們可以依照需求自由切換，以下舉出幾種實用的圖表類型。如果需要繪製英文圖表，可以參考下方提供的英文名稱對照。

- 長條圖（Bar Chart）
- 折線圖（Line Chart）
- 圓餅圖（Pie Chart）
- 雷達圖（Radar Chart）
- 瀑布圖（Waterfall Chart）
- 時間序列圖（Time-Series Plot）
- 散布圖（Scatter Plot）
- 甘特圖（Gantt Chart）
- 熱力圖（Heat Map）

一次生成多種圖表的功能非常好用，能幫助我們快速找出最適合表達數據資料的形式。在以前如果想要對照只能一一手動製作，要花上很多時間。現在 ChatGPT 瞬間就能完成，效率實在驚人！

STEP 4
修復亂碼問題

「文字亂碼」讓不少人對 ChatGPT 望之卻步。

由於 ChatGPT 處理繁體中文的內容還不如英文那麼成熟，導致它在製作數據圖表時，時常因為缺乏中文字型而出現亂碼，例如很常見到俗稱豆腐（tofu）的方塊亂碼「□」。

這個問題不難解決，我們可以在網路上搜尋繁體中文的字型檔，例如有開源授權的「思源黑體」（連結附於文末）。

把字型檔上傳到 ChatGPT，並告訴它：「後續請使用這份字型檔繪製圖表」，如此一來，圖表就能順利顯示中文字囉！

STEP 5
調整格式與設計

ChatGPT 生成圖表的速度雖然很快，設計也美觀，但還是有一些小缺陷，像是標題文字太小，或是圖例沒有正常顯示等。遇到這些情況，我們又無法像在 Excel 那樣用手動調整，該怎麼辦呢？

別擔心，直接用口語描述需要修改的地方，ChatGPT 就會生成一張新的圖表。

下面列舉出幾種圖表外觀上常出現的問題，以及實際的指令案例。

- **修改文字內容**：請將 X 軸標題改為「月分」、Y 軸標題改為「銷售額」。
- **字體縮小放大**：請將圖表內的中文字體放大（或縮小）。
- **移動物件**：請將圖例移動至畫面左側。
- **替換顏色**：請將產品 A 的折線顏色改為紅色。
- **資料標籤沒有顯示**：請為圖表中的每個數據加上資料標籤，顯示對應的數值。
- **圖例未正常顯示**：請新增圖例並放置於右上角。
- **資料點或趨勢線不夠明顯**：請加粗趨勢線並將資料點放大，讓它清晰可見。

完成細部調整之後，點擊圖片上方的「下載」按鈕，就能將圖檔儲存到電腦中。

ChatGPT 數據圖表案例：長條圖

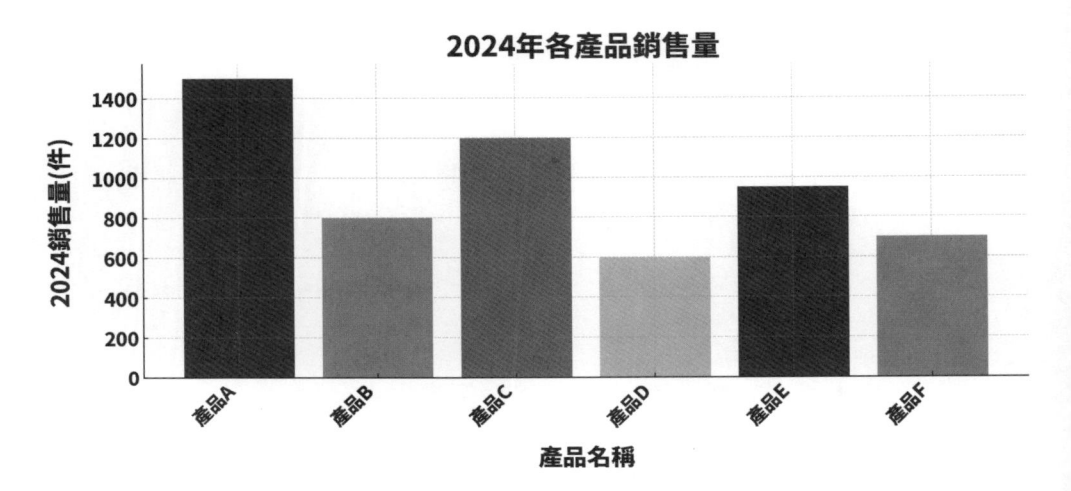

2024年各產品銷售量

ChatGPT 數據圖表案例：折線圖

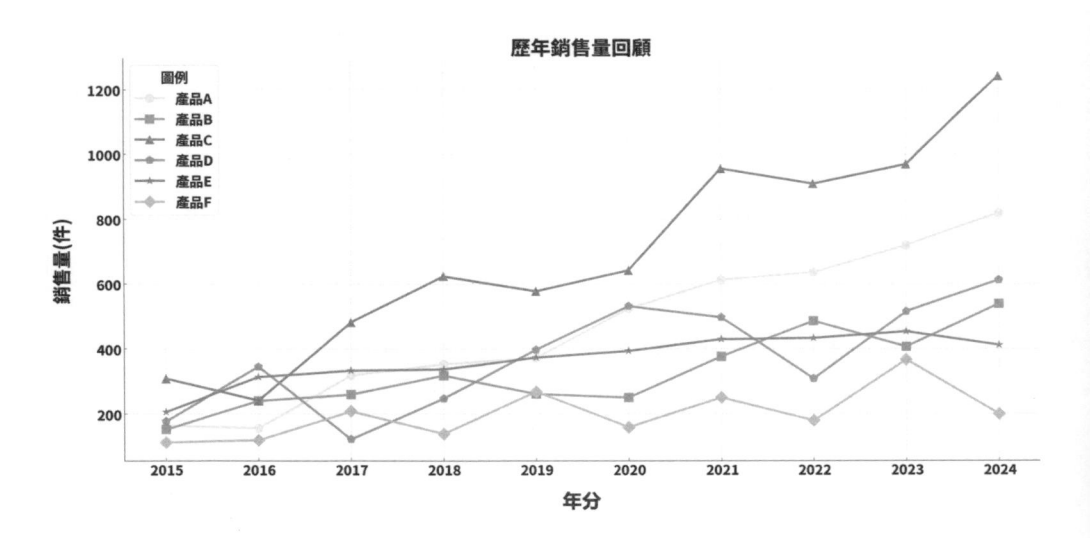

歷年銷售量回顧

ChatGPT 數據圖表案例：雷達圖

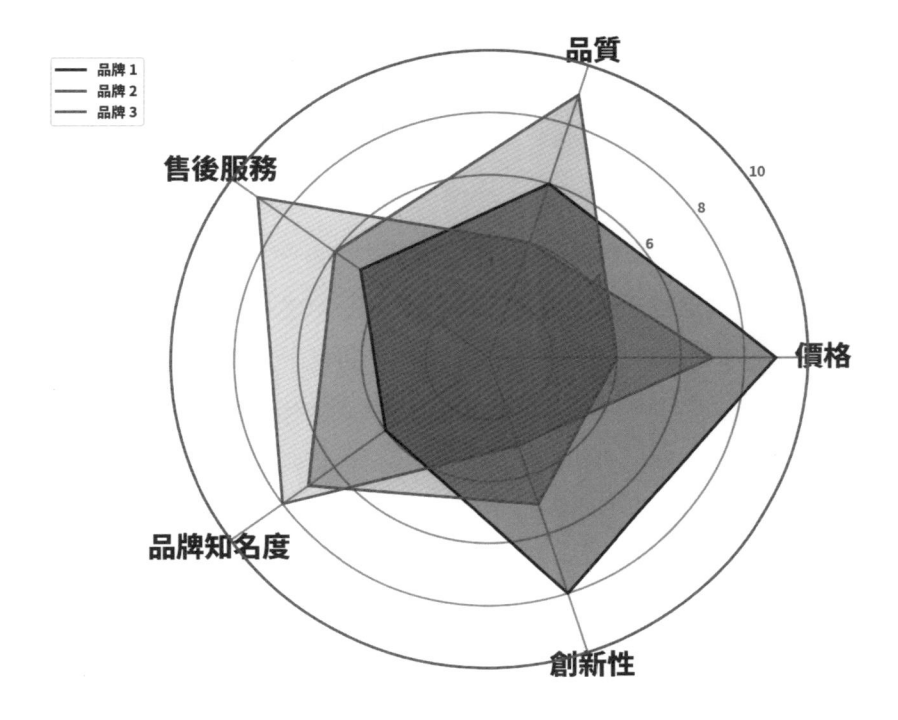

— 品牌 1
— 品牌 2
— 品牌 3

品質
售後服務
品牌知名度
創新性
價格

10
8
6

自動生成數據統計圖表／ChatGPT | 235

技巧再升級

技巧 1　如何製作動態圖表？

　　要呈現帶有前後順序或是時間先後特性的數據圖表時，如果能讓圖表「動」起來，會讓簡報或展示變得更為生動。

　　若想讓數據資料在圖表上依照時間順序逐一展示出來，只要在指令內加上「GIF」這個關鍵字，並描述自己希望呈現的動態效果，ChatGPT 就能生成動畫圖檔。

　　以前面的「歷年銷售量回顧」折線圖為例，我們可以將指令設計如下：

（有可複製的指令範例）

輸入：

> 請將這份折線圖轉為 GIF 動態圖表，依照年分先後順序展示數據資料的變化。設計動畫時，讓 Y 軸範圍保持不變，每一幀對應一年的數據，逐步從右側增加新的數據進來。

　　完成後，使用 ChatGPT 提供的下載連結，就能儲存製作好的精美動態圖表。

實用工具連結

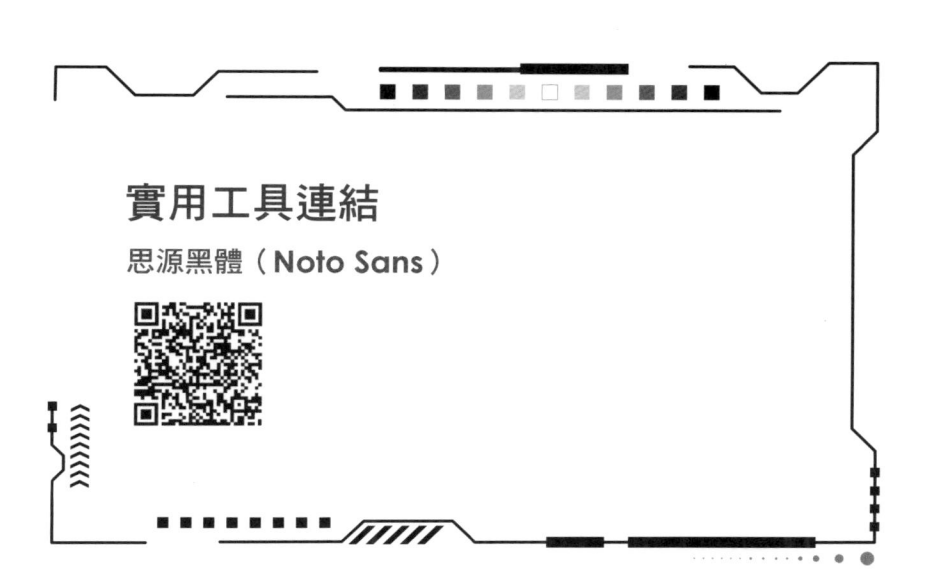

思源黑體（Noto Sans）

22 AI 幫你解決轉檔大小事／ChatGPT

在工作中，你是否經常需要做各種「轉檔」工作？早已準備好多款不同的應用軟體，還是每次遇到問題才急急忙忙尋找線上工具？

轉檔是職場生活中既不起眼又耗時的繁瑣事務。舉例來說，把多份 PDF 檔案合併成完整報告，或是將圖片轉換為指定格式。

雖然市面上有不少線上工具可以處理這些任務，但真正的麻煩在於，我們必須適應多種軟體，才能應付五花八門的轉檔任務。

試想一下，PDF 合併需要一種工具，照片格式調整用另一種，至於影片處理、錄音格式轉換，甚至將網址製作成 QR Code，都需要用不同的軟體來處理。更麻煩的是，找到操作簡單、功能強大的工具往往需要花不少時間試用和篩選。

如果能有一個「一站式」工具解決大多數的轉檔工作，省去來回切換軟體的麻煩，那該有多好！

ChatGPT一站式處理轉檔工作

ChatGPT 在文案寫作、圖像生成、程式碼撰寫等方面的表現令人津津樂道，但它還有一個較不為人知且相當實用的功能：「轉檔」。

ChatGPT 轉換多種不同類型檔案格式的品質都很好，有了它幫忙，我們就不必在各種軟體之間疲於奔命了！

操作步驟

STEP 1
快速掌握 ChatGPT 轉檔功能

轉檔工作雖然不起眼，卻幾乎無所不在。無論是將文件轉換成適當的格式備份，還是將數據轉為兼容格式以供特定軟體處理。

此外，檔案的分割與合併也是常見的行政工作。在這些瑣碎繁雜的工作項目上，ChatGPT 能幫上忙的地方比我們想像中更多。

以下列出 7 大類、超過 20 種轉檔相關的任務情境，每一項 ChatGPT 都能迅速完善地交付成果。

1. 文字檔案轉換
   - Word 檔案（.docx、.doc）、純文字文件（.txt）以及 Markdown 文件（.md）相關的檔案格式轉換。
2. 數據資料檔案轉換
   - Excel 檔案（.xlsx、.xls）、CSV 檔案（.csv）、JSON 格式以及 XML 格式相關的檔案類型轉換。
3. 圖片檔案轉換
   - JPG、PNG、BMP 等圖片檔案的格式轉換。
4. PDF 檔案分割與合併
   - 依照特定頁數範圍分割。
   - 奇數頁偶數頁分別獨立存放。
   - 單獨提取特定頁數。
   - 將多份檔案合併為一份。
5. 音訊檔案轉換、分割與合併
   - 不同音訊檔案（.mp3、.wav、.flac）的格式轉換。
   - 將一份音檔按照指定的時間區段，分割為幾個獨立的檔案。
   - 合併多份音檔。
6. 影片檔案分割與合併
   - 將影片檔案（.mp4、.avi、.mov、.mkv）按照指定的時間區段，分割為數個小片段。

- 按照指定的檔案大小分割。
- 將多段影片拼接成一個完整的影片。
7. 其他實用功能
    - 將彩色圖片轉換為灰階。
    - 圖片尺寸縮放。
    - 在圖片上套用簡單的濾鏡效果，比如復古風格或是負片效果。
    - 在圖片上的特定位置添加浮水印或是時間戳記。
    - 根據指定的排列方式，將多個圖片合併為一張圖。
    - 壓縮圖片以降低檔案大小。
    - 將網址製作成 QR Code。

看完以上五花八門的功能或許有人會好奇：ChatGPT 可以圖片轉檔，音樂轉檔，但是沒辦法將影片轉檔嗎？

答案是可以，但是失敗率高，限制也多。

原因在於影片的檔案容量通常比較大，轉換過程更為複雜又耗時，在處理中常常因為時間限制或網路不穩定，導致轉檔中斷而失敗。

根據經驗，目前 ChatGPT 只適合處理容量小、時間短的影片轉檔工作（分割與合併功能則不在此限），但相信 AI 科技一日千里，未來用 ChatGPT 處理幾小時長的影片不會是夢。

介紹完 ChatGPT 擅長的轉檔工作之後，接著就要設計指令囉！

STEP 2 設計轉檔指令

工作上轉檔有很多情況，對 ChatGPT 下的指令也會各不相同。整體來說，轉檔指令可以簡化為三個重點：「**輸入什麼、設定條件、輸出什麼**」。

以切分一個 PDF 檔案為例。

- **輸入什麼**：這份 PDF 檔案。
- **設定條件**：照著 1-5 頁、6-10 頁、10-15 頁的順序分割。
- **輸出什麼**：三份檔案。

將這三個重點整合成一段話就是：「請將這份 PDF 檔案依照 1-5 頁、6-10 頁、10-15 頁的順序，分割為三份獨立的檔案。」

透過這樣的方式，我們就能快速將工作需求轉為 ChatGPT 可以理解的指令，不必多費心力來思考指令該怎麼寫。

接著，根據 STEP 1 提到的 7 大類轉檔任務情境，依序列舉幾項實際的指令案例以供參考。

1. 文字檔案轉換
   - 請將這份文件轉換為 Markdown 格式。
2. 數據資料檔案轉換
   - 請將這份 Excel 檔案轉換成 CSV 格式。
3. 圖片檔案轉換
   - 請將這張照片轉換成 PNG 格式。
4. PDF 檔案分割與合併
   - 請將這份 PDF 檔案依照 1-5 頁、6-10 頁、10-15 頁的順序，分割為三份獨立的檔案。
   - 請將這份 PDF 檔案的奇數頁與偶數頁分割為兩份檔案。
   - 請將這份 PDF 檔案的第 6 頁單獨存為一份檔案。
   - 請將這三份 PDF 文件依照檔案名稱「1、2、3」的順序，合併為一份檔案。
5. 音訊檔案轉換、分割與合併
   - 請將這份檔案轉為「.wav」格式。
   - 請將這段音樂切分為三個片段：00:00:00–00:01:00、00:01:00 –00:02:00、00:02:00– 最後，並分別儲存為三份音訊檔案。
   - 請將上傳的所有 MP3 檔案，依序合併成一個完整的音訊檔案。
6. 影片檔案分割與合併

- 請依照 00:01:00、00:02:00 兩個時間點,將這段影片分割為三段,並個別儲存為「.mp4」格式的影片檔案。
- 請將這個影片分割成多個片段,每段檔案大小不超過 100MB。
- 請將這三段影片依照檔案名稱「1、2、3」的順序,合併成一個完整檔案,並且確保每段影片的銜接處不會發生重疊或漏失的問題。

7. 其他實用功能
    - 請將這張彩色照片轉換成灰階。
    - 請將這張圖片的尺寸縮放為 1920x1080。
    - 請在這張照片套用復古風格濾鏡。
    - 請將這張照片加上浮水印,浮水印圖片檔名為「watermark.png」,位置設定於照片右下角。同時確保浮水印顯示在正確的位置且具有合適的透明度。
    - 請將這三張圖片縱向排列,依照檔案名稱「1、2、3」的順序,合併成一張大圖。
    - 請將這份圖檔壓縮至小於 5 MB。
    - 請將網址「geo1995.com」製作成 QR Code。

值得一提的是,如果要同時處理多份檔案,例如合併好幾份 PDF 文件,該如何告訴 ChatGPT 誰在前、誰在後呢?

這裡有個實用小技巧:「將每個檔案的名稱改為數字」,就能直接用數字檔名告訴 ChatGPT 排列順序囉!

STEP 3
修正錯誤

如果發現轉檔後的檔案出現缺頁或是文字亂碼等錯誤,只要請 ChatGPT 重新處理一次即可排除問題。

舉例來說,近期 ChatGPT 處理 JSON 與 XML 兩種資料格式時,比較容易出現中文字亂碼。這時候我們可以輸入指令:「請修正這份檔案的中文編碼問題,並確保所有資料按照正確的格式顯示」,ChatGPT 就會自動修正錯誤。

STEP 4
修正錯誤

轉檔完成後,點擊 ChatGPT 提供的下載連結,就能儲存檔案。

唯一要注意的是,下載連結有時效性,最好立刻將檔案

儲存到自己的電腦。連結若是逾期失效，轉檔成果都會付諸流水！

技巧再升級

技巧 1　快速下載多個檔案的訣竅

當我們連續處理了好幾個轉檔，ChatGPT 生成許多不同的下載連結，如果想簡化下載步驟，我們可以告訴 ChatGPT：「將所有成果打包成壓縮檔」，就不需要手動下載多個檔案，省了許多麻煩。

23 批次寄送檔案資料／ChatGPT + Excel VBA

「唉唷，今天又要寄薪資單，真的麻煩透了！」趁著老闆不在，Ivy 忍不住跟隔壁的同事抱怨。

原來她每個月都要負責寄發全公司員工的薪資單。這看似簡單的例行工作，卻隱藏著大量勞動。

Jason 聽見後，好奇地問：「不就是寄個檔案，會很麻煩嗎？」

Ivy 解釋：「我要先設定寄送給每個人的 Email，寫好信件主旨和內容，接著上傳對應的附件檔案，公司有多少人，整個流程要重複多少次，每次都做到手痠啊！」

聽完後，Jason 靈機一動，提出一個建議：「妳可以把所有人的基本資料整理在 Excel，然後用 VBA 寫個程式，讓系統幫妳寄信。」

Ivy 驚訝地睜大眼睛：「真的嗎？但我從來沒學過 VBA，會很難嗎？」

「別擔心，程式就交給 AI 來寫。我帶妳簡單了解一下基

本操作，設定好一次，以後每個月只要按個按鈕就搞定，絕對省時又省力！」

　　Jason 快速演示 AI 結合 Excel VBA 的自動化技巧。看見數十封郵件在短短時間之內就全部發送出去，Ivy 目瞪口呆地感嘆，原本讓她頭痛的繁瑣工作竟然可以這麼快解決，真是太驚人了！

ChatGPT + Excel VBA批次寄送檔案資料

　　當我們需要用 Email 寄送完全相同的內容時，可以使用群組聯絡人或是密件副本的功能，一次將信件發送給多位收件人，省去逐一輸入電子信箱的麻煩。但是，當信件內容稍有不同，例如每位收件人的附件資料不一樣時，就無法套用這些功能，必須手動編輯和發送每封 Email，這麼做既耗費時間又容易出錯。

　　以下將介紹如何使用「ChatGPT」搭配「Excel VBA」，將這項繁瑣的工作自動化，一次把不同檔案、不同內容快速寄給對應的人！

操作步驟

STEP 1
製作基本資料表

要一次性地把不同的信件內容和附件準確地發送到每個人的信箱，可以使用名為「VBA」的程式工具。

VBA（Visual Basic for Application）是微軟推出的一款開發工具，可以直接在 Excel 上面執行，用於將大量、重複性高且複雜的手動操作流程整合為一套程式碼，自動化完成所有工作步驟。

在使用之前，首先要製作一份「基本資料表」，供程式在執行時參考。

由於目標是將不同的信件內容發送給多位收件人，因此基本資料表需要完整的資訊。請參考以下方式建立 Excel 表單：

- A 欄：員工姓名。
- B 欄：每位員工的電子郵件。
- C 欄：信件主旨，視情況可以設定為統一的內容，例如：本月分薪資明細。
- D 欄：信件內容。

- E 欄：附件資料的檔案路徑。

　　E 欄位的「檔案路徑」指的是該份檔案在電腦裡的存放位置，通常顯示為類似「D:\Salary\202412 薪資 \T1.xlsx」的格式，其中「202412 薪資」是存放檔案的資料夾名稱，而「T1.xlsx」則是某位同仁的薪資單檔案名稱。

　　實際操作時，只要用滑鼠在某個檔案上按右鍵，並點擊「複製路徑」，即可取得檔案路徑。

　　完成第一筆資料後，我們不必重複上述步驟逐一取得其他的檔案路徑，只要替換路徑最後的「檔案名稱」即可，例如：D:\Salary\202412 薪資 \T2.xlsx。

　　完成基本資料表後，就能接著請 ChatGPT 設計 VBA 程式碼。

STEP 2　ChatGPT 設計自動化程式

　　由於基本資料表可能有部分個人資訊，所以我們不上傳 Excel 檔案，而是用口語的方式告訴 ChatGPT 基本資料表的「長相」，哪個欄位是哪項資料，ChatGPT 會依照我們的描述和寄送信件的需求，自動生成對應的 VBA 程式碼。

例如，我們可以輸入以下指令：

（有可複製的指令範例）

輸入：
請使用 Excel VBA 設計一個自動化流程，讀取一份 Excel 檔案內的資料，並自動發送郵件。

該份 Excel 的資料形式為：A 欄是姓名、B 欄是電子郵件地址、C 欄是信件主旨、D 欄是信件內容、E 欄是附件檔案的路徑。

請務必確保每封信件包含正確的主旨、內容以及對應的附件資料，並準確送達指定的收件人。

ChatGPT 回答：
以下是一個使用 VBA（Visual Basic for Applications）來設計的自動化郵件發送流程，從 Excel 檔案中讀取資料並發送郵件。

```
Sub SendEmailsFromExcel()
    Dim outlookApp As Object
    Dim mailItem As Object
    Dim lastRow As Integer
    Dim ws As Worksheet
```

```
Dim attachmentPath As String

' 創建 Outlook 應用實例
Set outlookApp = CreateObject("Outlook.Application")

' 設定工作表
Set ws = ThisWorkbook.Sheets("工作表 1")
lastRow = ws.Cells(ws.Rows.Count, "A").End(xlUp).Row

' 遍歷每行數據
For i = 2 To lastRow
    ' 創建郵件對象
    Set mailItem = outlookApp.CreateItem(0)
    
    ' 設定郵件主旨、收件人、內容和附件
    With mailItem
        .To = ws.Cells(i, 2).Value  ' B 欄：電子郵件地址
        .Subject = ws.Cells(i, 3).Value  ' C 欄：信件主旨
```

```vb
            .Body = ws.Cells(i, 4).Value    'D 欄：信件內容
            attachmentPath = ws.Cells(i, 5).Value    'E 欄：附件檔案的路徑

            ' 如果附件路徑非空，則添加附件
            If attachmentPath <> "" Then
                .Attachments.Add attachmentPath
            End If

            ' 發送郵件
            .Send
        End With
    Next i

    ' 釋放對象
    Set mailItem = Nothing
    Set outlookApp = Nothing
    MsgBox " 郵件已全部發送完畢！"
End Sub
```

在 ChatGPT 生成的程式碼中可以觀察到幾個重點：

- 完整的程式以「Sub」開頭、「End Sub」結尾，每項文字、符號都有其意義，複製到 Excel 時不要遺漏任何項目。
- 根據第一行的內容，這段程式碼將被命名為「SendEmailsFromExcel」。
- ChatGPT 準確抓取到基本資料表內設定的信件主旨、內容、附件等資料，對應的欄位也正確無誤。
- 根據倒數第二行的程式碼，未來如果成功執行，畫面會出現「郵件已全部發送完畢！」的文字提示。

此外，後續寄信將透過「Outlook」執行，所以在進入下一步驟之前，請先確保電腦上的「Microsoft Outlook」程式已經開啟並且正常運作。

STEP 3
Excel 執行 VBA 程式

接著回到 STEP 1 的基本資料表 Excel 檔案，然後照著以下步驟來執行 ChatGPT 設計的 VBA 程式：

1. 開啟 Excel 上方工具列的「開發人員」選項。
2. 點擊「Visual Basic」開啟 VBA 編輯器。
3. 依序點選「插入」、「模組」開啟程式碼視窗。
4. 複製貼上前一步驟由 ChatGPT 設計的完整程式碼。
5. 點選「儲存」,並將存檔類型更改為「Excel 啟用巨集的活頁簿(.xlsm)」。
6. 點選「執行」。
7. 稍待幾秒鐘,系統便會將不同的附件檔案和信件內容寄送給對應的人!

Excel VBA 操作流程示意圖

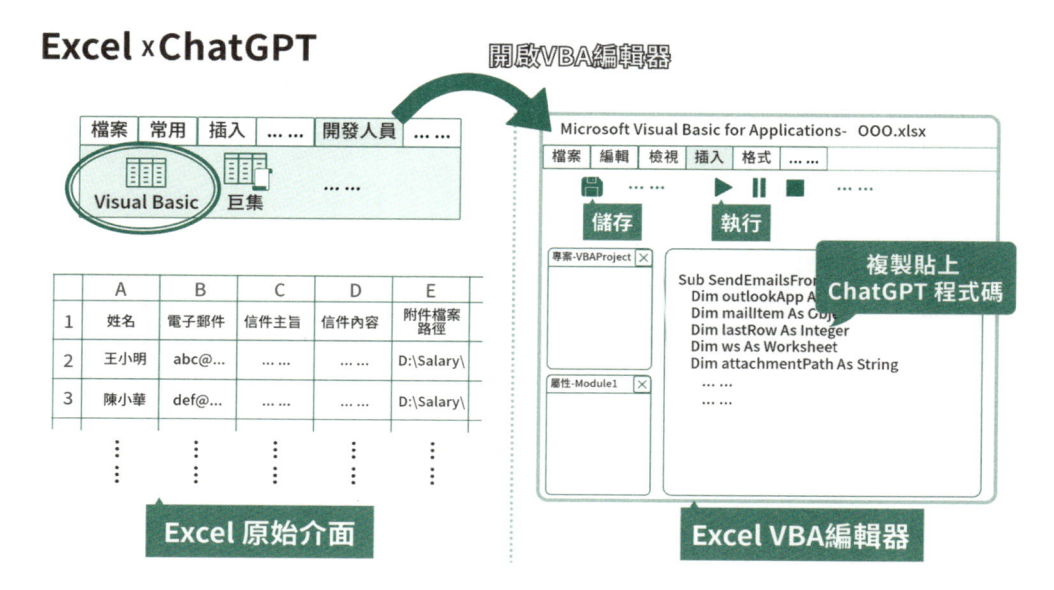

一旦成功執行，畫面會出現「**郵件已全部發送完畢！**」的文字提示。如果沒有顯示，代表程式運作可能出了問題導致寄信失敗。

STEP 4 錯誤狀況排除

根據經驗，ChatGPT 設計 Excel VBA 的熟練度相當高，用來處理一般的行政庶務時只要指令得當，生成的程式碼幾乎可以直接使用，需要手動調整的地方並不多。

但若是實際執行時遇到問題也不用擔心，直接將自己看到的錯誤狀況用白話告訴 ChatGPT，請它分析現況並提供解決方法。

技巧再升級

技巧 1 重複使用 VBA 的訣竅

未來遇到同樣類型的工作，只要開啟我們在 STEP 3 儲存的「.xlsm」檔案，並使用 Excel 的「巨集」功能，就能重新執行這套 VBA 程式，自動完成所有的寄信流程。

AI 小講堂

如果將「函數應用」比喻為Excel的入門門檻，那麼「VBA」就是許多人夢想跨越卻又裹足不前的下一道關卡。提到寫程式，往往讓人感到頭大，認為這是專業人員的專屬領域。

但現在有了ChatGPT幫忙，即使是沒有程式基礎的新手，也能輕鬆掌握靈活應用。Excel VBA的用途十分廣泛，尤其是職場上與Excel相關的工作，VBA都能將之自動化完成，大幅提升工作效率。

只要我們善加運用這項工具，躋身職場高手行列將不再只是夢！

Chapter 4

資料搜索力

24 同步管理紙本名片與數位通訊錄╱ChatGPT

Emma 和幾位同事正在茶水間聊天，主管恰巧路過，隨口問了一句：

「對了，上次研習遇到一位陳顧問，最近總經理想找他談合作，Emma，妳有他的聯絡方式嗎？」

「應該有他的名片，我這就去找。」

Emma 急忙回到自己的位置，翻開名片簿，從第一頁開始查找。

「奇怪，應該在這附近才對啊……」

她的手指快速翻動一頁又一頁的名片，卻怎麼也找不到陳顧問的那張。隨著時間流逝，她的焦慮不斷攀升。

旁邊的同事見狀，便輕聲提醒：「會不會之前用電話聯絡，已經存在手機的通訊錄了？」

Emma 一聽，覺得很有道理，馬上拿出手機開始搜尋，卻仍然一無所獲。就在她幾乎要放棄時，她突然靈機一動，打開錢包的夾層，果然發現那張遍尋不著的名片。

「找到了！原來當時候順手放進錢包裡，後來就忘記拿出來。」Emma 鬆了口氣笑著解釋，同事也忍不住調侃她老是忘東忘西。

這次的小插曲讓 Emma 意識到，必須設法整理散落在各處的名片和聯絡資訊，以便未來遇到同樣的狀況，能夠從容不迫地應對。

ChatGPT數位化管理所有名片

名片是商務交流中不可或缺的重要媒介，但隨著名片數量逐漸增多，丟失、攜帶不便、難以管理等問題也隨之而來，讓許多上班族深感困擾。

以下將介紹如何運用「ChatGPT」拍照擷取紙本名片上的資訊，並將內容轉換為適合 Google 通訊錄、Outlook 聯絡人的數位格式，一次輕鬆完成虛實整合，還能高效數位化管理所有的名片資訊。

操作步驟

STEP 1
ChatGPT 將名片數位化

首先，將紙本名片拍照上傳到 ChatGPT，接著依序請它處理以下 4 項工作：

- 辨識並擷取名片上的文字。
- 分類、提取重要的聯絡資訊。
- 轉換成數位通訊錄的檔案格式（CSV 或是 vCard）。
- 製作一份可供下載的檔案。

常見的數位通訊錄有 CSV、vCard 兩種檔案格式，而 ChatGPT 都能支援這些格式。CSV 適用於「Google 聯絡人」和「Outlook 聯絡人」兩個軟體，而 vCard 則能匯入 iOS、Android 等智慧型手機的通訊錄中。

我們可以根據自己的工作習慣，請 ChatGPT 輸出對應的檔案格式。透過這種方式，AI 擷取的名片資訊能夠快速整理並全部打包成一份檔案，然後輕鬆上傳到自己常用的數位通訊錄軟體中。

STEP 2
打造名片數位化 GPT

如果常常會收到名片，不想每次都要跟 ChatGPT 重複 STEP 1 的溝通過程，可以運用「GPTs」打造專門負責名片數位化的 AI 助手，隨時隨地都能重複使用。

先開啟 ChatGPT：GPTs 設定頁面（連結附於文末）。

如果你還不知道如何設計「名片數位化 GPT」，別擔心，直接複製以下指令設定即可：

有可複製的指令範例

- 名稱：名片數位化 GPT
- 說明：實現紙本名片的數位化、自動化管理
- 指令：

  這是一個自動擷取名片資料的 GPT，請依序執行以下 4 個步驟。

  1. **擷取名片資訊**：請識別使用者上傳的照片檔案，提取照片上的所有文字內容，並參考以下列出的「名片資訊清單」，重新分類整理出其中的關鍵資訊。

     名片資訊清單：
     - 姓氏（Last Name）
     - 名字（First Name）

- 電子郵件（E-mail）
- 連絡電話（Tel）
- 行動電話（Mobile）
- 公司名稱（Organization Name）
- 職稱（Job Title）
- 公司地址（Organization Address）
- 公司網站或網址（Website）

處理名片資訊時，請遵循以下三點：

- 如果使用者一次上傳多張名片，務必區分清楚不同名片的內容，分開獨立處理。
- 如果名片上出現不屬於「名片資訊清單」的額外資訊，例如，第二組電話或是傳真號碼，請保留下來，並在後續「選擇輸出格式」的階段，改寫為合適的資料結構。
- 如果名片上同時出現中文、英文兩種資訊，請擷取中文資訊。

2. **資料審核與修正**：顯示前一步驟擷取的完整名片資訊，請使用者確認是否需要修改。若不需修改，進入下一步驟。

3. **選擇輸出格式**：請提供以下三種選項，詢問使用者希望輸出為何種格式。

(1) 適用於「Google 聯絡人」的 CSV 格式。

(2) 適用於「Outlook 聯絡人」的 CSV 格式。

(3) 適用於「iOS、Android 手機通訊錄」的 vCard 格式。

4. 製作下載連結：根據選擇的輸出格式，將本次整理的所有名片資訊，轉換成相應的檔案類型，並提供下載連結。

- 對話啟動器：請依照步驟擷取名片資訊。
- 功能：只勾選「程式碼執行器和資料分析」功能，其他功能請取消勾選。

　　完成以上設定後，點擊畫面上方的「建立」就大功告成囉！

　　關於更詳盡的 GPTs 操作步驟與使用，請見第 7 節。

　　第一次打造 GPT 的過程比較複雜，建議在電腦上進行設定，一旦完成了名片數位化 GPT，未來用手機版的 ChatGPT APP 即可操作，出門在外也能使用，相當方便。

ChatGPT 打造名片數位化助手

ChatGPT-GPTs　　　建立

功能設定區

名稱：名片數位化GPT

說明：實現紙本名片的數位化、自動化管理

指令：
這是一個自動擷取名片資料的GPT，請依序執行以下步驟。
1. 擷取名片資訊：請識別使用者上傳的照片檔案，提取照片上的所有文字內容，並參考以下列出的「名片資訊清單」
‧‧‧‧‧‧

對話啟動器：請依照步驟擷取名片資訊

知識庫 (不用上傳檔案)

功能
- ☐ 網頁搜尋
- ☐ 畫布
- ☐ 生成 DALL・E 圖像
- ☑ 程式碼執行器和資料分析

（此處輸入完整指令）

預覽區
（隨時試用）

STEP 3
應用情境說明

由於手機版 ChatGPT 具備拍照上傳功能，我們可以直接拍攝、上傳名片截圖，接著會進行簡單的問答：

- ChatGPT 自動顯示擷取到的姓名、職稱、電話等資訊。
- 我們快速瀏覽一遍，如果資料無誤，輸入「ok」或是「正確」即可。
- ChatGPT 繼續詢問檔案輸出的格式：「1」代表 Google 聯絡人，「2」代表 Outlook 聯絡人，「3」代表手機通訊錄。
- 我們依照需求，輸入數字「1」、「2」或「3」。
- ChatGPT 立刻生成下載連結，點選連結，即可下載檔案。

整段操作流程中需要我們打字的地方極少，1 分鐘內就能完成，非常輕鬆簡便！

STEP 4
匯入 Google、Outlook、手機通訊錄

當我們拿到 ChatGPT 製作的 CSV 或是 vCard 檔案後，要匯入其他通訊錄軟體也不困難。

以「Google 聯絡人」為例：開啟網站頁面（連結附於文末），使用側邊工具列的「匯入」功能，上傳 CSV 檔案，就能看到新的聯絡人顯示在列表中了。

「Outlook 聯絡人」的操作方式也大同小異：登入 Outlook 電子信箱後，使用工具列的「匯入聯絡人」功能，上傳 CSV 檔案即可完成。

智慧型手機的通訊錄則稍微複雜一些，不同品牌手機的操作方式可能略有差異。以 iPhone 為例，需要特別在「iCloud 聯絡人」網頁設定（連結附於文末），進入網站後，點擊右側的「＋」按鈕，選擇「輸入聯絡人」並上傳 vCard 檔案，就順利完成資料匯入囉！

技巧再升級

技巧 1　批次處理大量名片的技巧

在 STEP 2 設計指令時已經納入了同時處理多張名片的機制,所以我們不必每拿到一張名片就立刻處理,可以每週一次或每個月一次,將拿到的所有紙本名片上傳到「名片數位化 GPT」彙整,再一次將所有資訊匯入自己慣用的數位通訊錄軟體,批次處理起來相當有效率。

實用工具連結

ChatGPT：GPTs 設定頁面

Google 聯絡人

iCloud 聯絡人

25 智慧管理隨身小本本／NotebookLM

繁忙的街景從窗外快速掠過，助理 Bella 正與老闆搭乘 Uber 前往一場會議。老闆忽然開口問道：「Bella，上次來公司演講的顧問提到一種可以優化客服系統的 AI 新技術，妳還記得叫什麼名字嗎？」

Bella 立刻拿出隨身攜帶的小冊子，「我記得應該寫在這裡⋯⋯」她來回翻閱密密麻麻的筆記，卻遲遲找不到老闆提到的資料。

「不好意思，可能寫在別的地方，我回辦公室再查。」Bella 略帶尷尬地說。

「沒關係，不急。」老闆隨即轉移話題，「對了，下個月的聚餐快到了，大家平常聊天提的那些餐廳名單，妳能整理一下嗎？我們從裡面挑一家沒吃過的試試。」

「沒問題，我來處理！」Bella 口頭答應得爽快，內心卻有些苦惱。

雖然她平時有記錄各種資訊的習慣，但是日子一久，不

同的筆記分散在各處,每次要用都要花不少時間整理。

　　Bella 不禁心想,如果有個方法可以幫她每次都能快速找到需要的資料,那該有多省事!

NotebookLM讓隨身筆記進化為行動資料庫

　　不少上班族有隨身攜帶筆記本的習慣,在這俗稱「小本本」的冊子裡,記錄著各式各樣的資訊,我們總是希望這些筆記能在未來派上用場。

　　然而現實總是骨感,這些手寫的筆記常常零碎不全,缺乏系統化整理,更無法快速搜尋到特定內容,最終導致「小本本」淪為一灘死水,難以真正活用。

　　以下將介紹如何運用 Google「Gemini」與「NotebookLM」兩項工具,讓手寫內容數位化,建立一套高效率的筆記存放與搜尋機制。

操作步驟

STEP 1　快速掌握 NotebookLM 的使用方式

　　NotebookLM 是 Google 推出的 AI 筆記助理,專為幫助用戶將複雜資料整理成簡潔實用的筆記。乍看之下,似乎與

市場上常見的 ChatGPT、Copilot、Claude 等沒有太大區別，但它擁有一些獨特的功能與優勢。

像 ChatGPT 這類聊天型 AI，主要依賴網路搜尋或是內建的知識庫來回答問題，往往要花費些時間引導，才能讓 ChatGPT 提供精準的答案。如果描述不夠具體，就容易出現 AI「胡說八道」的情況。

當我們想用 AI 整理「小本本」時，準確性尤其重要，如果 AI 隨意曲解或捏造了某條資訊，說不定會釀成大麻煩。

NotebookLM 的獨特之處就在於資料來源的可控性，它會根據我們上傳的參考資料回答問題，而非依賴外部的網路資料，從而降低 AI 虛構事實的情況，並且更專注於我們的特定需求，用來當筆記助理更為可靠。

接著請開啟 NotebookLM 官方網頁（連結附於文末），以 Google 帳號登入即可免費使用。

NotebookLM 採用「筆記本」為分類方式，我們可以依照個人需求創立多個筆記本，分別管理不同用途、工作項目的資料。

打開筆記本後，操作介面將分成三個區塊：左側的來源區、中央的對話區、右側的摘要區。

- **來源區**：上傳檔案、網頁文章（使用網址輸入）、Google 文件或是 Google 簡報等不同類型的素材，

特別是「Google 文件」，我們後續將使用這個功能來整理筆記內容。
- 對話區：AI 根據來源資料進行問答。如果我們覺得 AI 的回答值得留存，點擊「儲存至記事」按鈕，就能另存到右側的摘要區，成為一則新的記事。
- 摘要區：包含文字記事和「語音摘要」功能（詳情請參考技巧再升級的說明）。

NotebookLM 的回答會以「數字註腳」的方式，清楚標示出每段文字引用了哪些資料。用滑鼠點擊數字註腳，就會快速跳轉到相關段落，方便我們查閱原始資料，也能快速驗證 AI 的回答是否準確，確保可信度。

此外，還有三個實用技巧：

1. 每次向 AI 下指令之前，我們可以「全選」來源區的資料，請 AI 分析整理所有上傳的文件，也可以只「勾選」特定幾份資料，限縮討論範圍，讓 AI 的回答更有針對性。
2. 系統在摘要區內預設了幾種筆記形式：研讀指南、簡介文件、常見問題、時間軸。點擊對應的按鈕，即可快速把來源資料轉化為特定的筆記形式。
3. NotebookLM 的回答只會參考「來源區」的資料，不會採計「摘要區」的內容。如果覺得摘要區的某則記

事很有參考價值，不妨使用「**轉換成來源**」的功能，匯入來源區，未來 AI 回答時就會參考該則記事了。

NotebookLM 操作介面示意圖

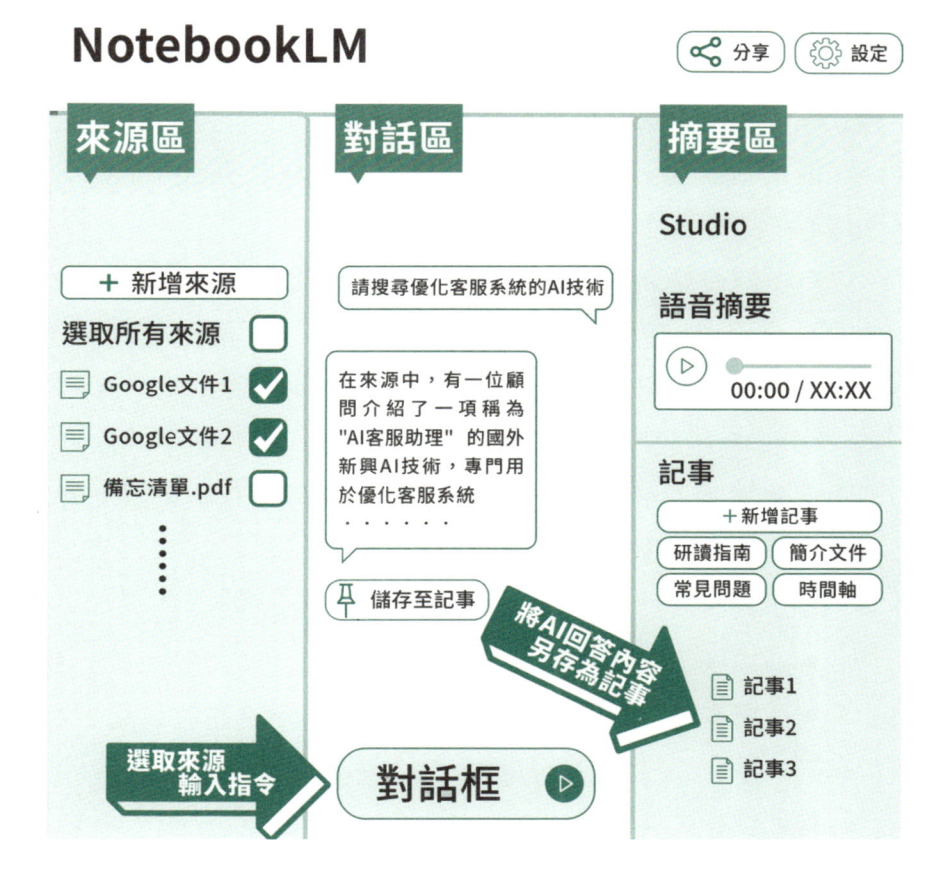

```
NotebookLM                                    分享   設定

來源區              對話區                    摘要區

+ 新增來源          請搜尋優化客服系統的AI技術   Studio
選取所有來源                                   語音摘要
Google文件1 ✓      在來源中，有一位顧            ▷ ──────
Google文件2 ✓      問介紹了一項稱為                00:00 / XX:XX
備忘清單.pdf        "AI客服助理"的國外
                   新興AI技術，專門用            記事
                   於優化客服系統
                   ......                      + 新增記事
                                               研讀指南  簡介文件
                   📌 儲存至記事                 常見問題  時間軸

選取來源                                        📄 記事1
輸入指令  →  對話框  ▷        將AI回答內容        📄 記事2
                              另存為記事          📄 記事3
```

快速掌握 NotebookLM 的使用方式之後，接著要介紹讓筆記本進化為行動資料庫的方法。

STEP 2
Gemini 將手寫筆記數位化

手寫筆記最讓人頭痛的地方在於無法即時搜尋、也沒辦法系統化管理。如果想讓這些筆記脫離被棄置一旁的下場，建立一個數位化的機制非常重要。

但是「數位化」是不是代表我們要辛苦地手動打字呢？別擔心，這項工作就交給 AI 做吧！

為了讓後續資料轉移到 NotebookLM 更為便利，我們選擇同為 Google 旗下的軟體「Gemini」來執行任務。

首先，將筆記本的內容拍照截圖，上傳至 Gemini，接著請它擷取其中的文字。如果筆記內容較多，可以分成幾次處理，最後再請 Gemini 整合在一起。在這個過程中可以交替使用以下兩種指令：

- 請擷取這張圖片的文字。
- 請將本次對話中，所有擷取的文字內容合併在一起。

根據經驗，只要手寫字跡沒有過於潦草，Gemini 都有不錯的文字辨識效果。

最後，點擊「分享與匯出」按鈕，將所有內容儲存為

Google 文件,接著就能輕鬆地用 NotebookLM 讀取了。

這樣就順利完成了手寫筆記的數位化。

Gemini 擷取手寫筆記的文字

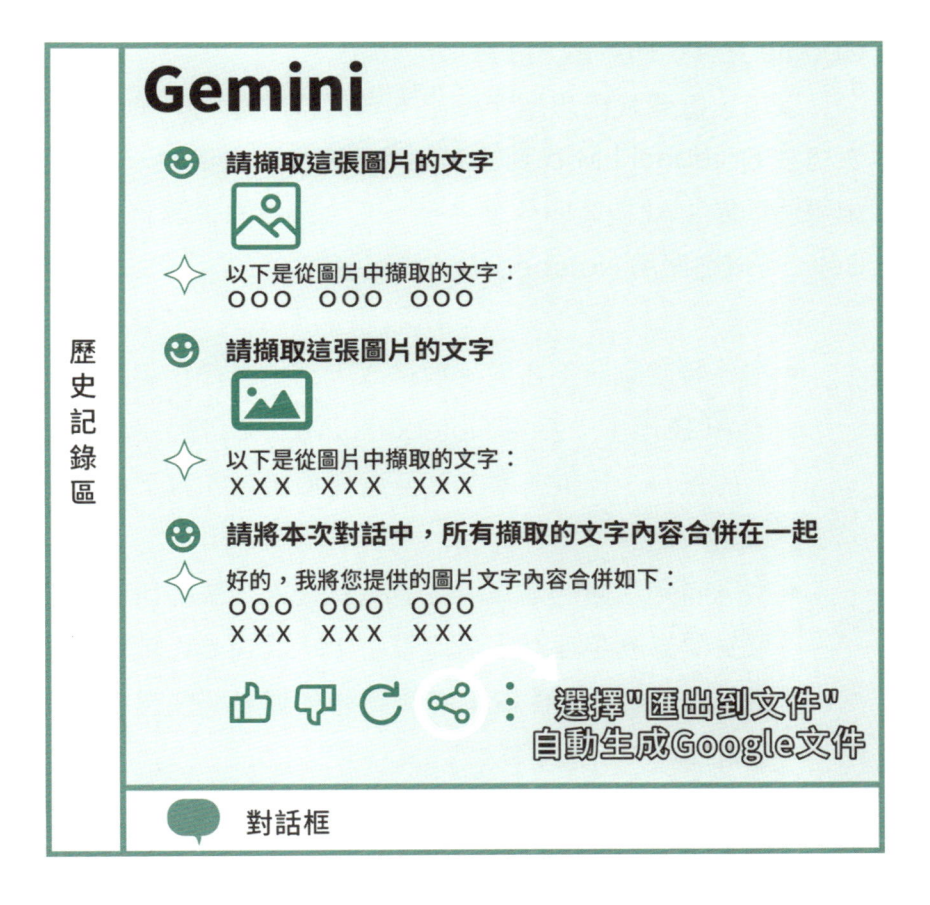

```
Gemini

😊 請擷取這張圖片的文字
   🖼️

✨ 以下是從圖片中擷取的文字：
   ○○○  ○○○  ○○○

😊 請擷取這張圖片的文字
   🖼️

✨ 以下是從圖片中擷取的文字：
   ×××  ×××  ×××

😊 請將本次對話中,所有擷取的文字內容合併在一起

✨ 好的,我將您提供的圖片文字內容合併如下：
   ○○○  ○○○  ○○○
   ×××  ×××  ×××

   👍 👎 🔄 🔗 ⋮   選擇"匯出到文件"
                   自動生成Google文件

💬 對話框
```

歷史記錄區

智慧管理隨身小本本／NotebookLM | 277

STEP 3
NotebookLM 就是行動資料庫

接著開啟 NotebookLM，並匯入前一步驟製作的 Google 文件，即可請 AI 進行分析整理。

以前，每個我們想翻開筆記本查資料的情境，如今都能快速在 NotebookLM 找到答案。舉例來說，老闆對 Bella 提出兩個問題：AI 技術叫什麼名字、適合聚餐的餐廳有哪些。Bella 可以這麼用 NotebookLM 找到答案：

- 搜尋特定資訊：在對話框輸入「請搜尋優化客服系統的 AI 技術」，接著 NotebookLM 就會自動搜尋來源區的資料，提供答案，甚至還能檢視當初寫下的完整筆記內容。

- 整理特定主題的清單：在對話框輸入「請將所有適合聚餐的餐廳整理為一份清單」，NotebookLM 就會將不同 Google 文件檔案中提到的餐廳名稱或是相關介紹統整為一份清單。

透過這樣的方式，即可輕鬆建立一套高效率的筆記存放與搜尋機制，讓隨身小本本煥發活力。

最後別忘了，NotebookLM 在手機上也能使用，有任何問題就隨時向這個行動資料庫發問吧！

技巧再升級

技巧 1　數位筆記也能同步管理

除了隨身的筆記本，許多人也習慣利用手機備忘錄、筆記 APP，或是在 LINE 建立「一人群組」儲存瑣碎的資料。現在只需要將這些內容直接複製到 STEP 2 製作的 Google 文件，就能整合到 NotebookLM 中進行統一管理。

技巧 2　一鍵生成 Podcast 音檔

使用「語音摘要」功能，可以將我們上傳的資料自動轉成對話式的音檔，透過兩位 AI 主持人的對話方式，歸納並探討來源資料中的重要主題。我們甚至可以透過「互動模式」，參與 AI 主持人的討論，讓互動更有趣味性。

雖然這項功能尚未完全成熟，偶爾會有些小失誤，但它結合了一鍵生成 Podcast 的便利，又能以「聆聽」來吸收資訊，相當值得體驗看看！

AI 小講堂

NotebookLM自推出以來，憑藉能從複雜資料中精準提取資訊的能力，迅速擄獲了多位暢銷書作家的青睞，像是《達文西傳》、《賈伯斯傳》、《馬斯克傳》的作者華特・艾薩克森（Walter Isaacson）就正在利用這款AI工具分析居里夫人的筆記與信件，準備推出下一本著作。另一位知名作家是《三步決斷聖經》的作者史蒂芬・強生（Steven Johnson），不僅是NotebookLM的忠實用戶，更受邀參與了產品開發過程。

有趣的是，雖然NotebookLM被定位成「AI筆記助手」，但在2024下半年推出的「語音摘要」功能卻帶來了意外驚喜。同時，Google也低調推出了名為「illuminate」的線上工具，主打將長篇書籍或學術文獻轉為對話式音檔。究竟未來是否能透過AI輕鬆發展出「聽經濟」呢？值得關注！

實用工具連結

NotebookLM

26 AI 第二大腦幫你管理文件檔案／ChatFile

資深業務 Jeff 最近正忙著帶新進員工熟悉業務流程，某天，一位剛出差回來的新人向他請教。

「Jeff，請問我們出差的發票該怎麼核銷呢？」

「你有打統編吧？那就沒問題了。」

「但對方給的是手寫發票，也可以嗎？」

「手寫發票？現在比較少見了，我要查一下會計之前發給大家的報帳 SOP。」

Jeff 記得電腦裡有一份報帳 SOP 的檔案，但由於很久沒有用了，他只好用「報帳流程」、「發票」等關鍵字搜尋，卻始終一無所獲。他不得不憑著模糊的印象，逐一點開看似相關的資料夾，一份一份地瀏覽檔案，好不容易才找到這份文件。

Jeff 鬆了一口氣，對新人說：「這是三聯式發票，直接拿給會計就可以了！」

沒想到剛解決這個問題，另一位同事又向 Jeff 提出請求。

「Jeff，你手邊有前幾年跟海外供應商的合約嗎？最近有新的案子進來想參考一下。」

「沒問題，我來找找看。」Jeff 再次投入檔案搜尋，手指滾動著滑鼠不斷翻找，他忽然意識到，光是這些小動作，竟然已經耗費了半小時的寶貴時間。真希望有個既聰明、又能快速找出特定文件的工具。

ChatFile讓文件搜尋變得輕而易舉

即使我們已經透過命名或編號的方式管理電腦裡的文件，遇到問題時還是很難立刻找到所需的資料。因為這些「非結構化」的文件資料沒有一定的規則可循，搜尋時只能仰賴人腦的「聯想」能力查找，既花時間又耗心力。

為了解決這個困擾，以下將介紹「ChatFile」這款 AI 工具，讓我們用對話的方式，快速從大量的文件中找出所需的資訊，大幅簡化搜尋過程，降低人工搜尋所耗費的時間和精力。

操作步驟

STEP 1
快速掌握 ChatFile 的使用方式

當我們使用「關鍵字」搜尋電腦裡的文件時，通常不是出現一堆名稱相似的檔案，就是完全搜尋不到結果，最後還是得靠手動慢慢尋找。相信不少人都對這情況感到苦惱。

如今我們可以利用 AI 技術，用更有效率、更智慧的方式搜尋資料。

「ChatFile」是由台灣團隊開發的一款專注於文件管理的 AI 工具，能透過對話的方式，快速從大量文件中提取所需資訊。

與 ChatGPT 等 AI 工具相比，ChatFile 最大的特色在於它會先分析、理解我們上傳的文件，因此當我們提問時，就能取得精準且符合需求的回答。此外，由於所有回答都基於上傳的文件，ChatFile 大幅降低了 AI 編造虛假資訊的風險，提供用戶更高的可靠性。

開啟 ChatFile 程式後（連結附於文末）會看到類似於 ChatGPT 的對話畫面，只要用白話方式表達，AI 就會幫忙搜尋答案。

操作方式非常簡單，首先，將手邊的文件檔案上傳到左

側的「個人區」，需要稍等一段文件解析的時間，此時可以開啟「文件傳輸」功能查看上傳進度，並確認是否出現解析失敗而無法上傳的檔案（通常是格式不符）。

完成後，在對話框輸入問題，AI 就會自動從大量的文件中搜尋解答。

在對話框上方有幾個實用的功能按鈕：

- 重置：當我們要對 AI 提出新的指令時，可使用此按鈕清空對話，讓畫面看起來更乾淨。被清除的對話不會消失，而是存放在「歷史記錄」中，日後可以查閱。
- 歷史記錄：顯示我們與 AI 的問答過程，以及上傳檔案的記錄。
- 切換語言：根據需求切換 AI 輸出的語言，以應對不同的情況。
- Skip file：勾選此功能後，AI 將跳過既有的文件檔案，改以 OpenAI 資料庫內的資訊回答。簡單來說，就等同於我們直接與 ChatGPT 對話，適用於需要更多參考資料時使用。

最重要的是，每則 AI 回覆內容的下方都會附上「參考檔案」，點開它，就會顯示這段回答參考了哪幾份文件、哪幾頁的內容。

繼續點擊頁數，即可跳轉到原始文件的相關段落，無論

是想檢查 AI 回答的正確性，或是深入閱讀更詳細的原始資料，都非常方便。

ChatFile 操作介面示意圖

ChatFile

個人區
- 資料夾1
- 資料夾2
- 資料夾3
- 文件1 .docx
- 文件2 .docx
- 文件XX .pdf
- ⋮

文件傳輸

請問手寫發票如何報帳？

C 手寫發票分為二聯和三聯式。報帳時，必須拿三聯式的手寫發票。請注意，金額若寫錯，不得修正，需要重新開立。

參考檔案 ▶

↳ 點擊 查看原始文件

重置　歷史記錄　切換語言

繁　☐ Skip file

對話框

STEP 2 應用案例說明

在工作中使用 ChatFile，最大的好處是文件搜尋變得平易近人。我們可以用口語化的方式表達需求，即使有點模糊、有點籠統也無妨。

以 Jeff 遇到的兩個問題為例：手寫發票如何報帳核銷？前幾年與海外供應商的合約放在哪裡？

Jeff 可以這麼下指令：

- 請問手寫發票如何報帳？
- 請搜尋 2022 年與海外供應商的合約。

針對手寫發票的問題，AI 會根據 Jeff 先前儲存的報帳 SOP 檔案提供詳細說明，即使他不點開原始文件也能迅速解決問題。

至於尋找合約的部分就更有趣了。假設 Jeff 記得這份合約在 2022 年簽訂，他可以指示 AI 搜尋該年的合約文件。即使檔名沒有提到年分，只要內文包含「2022 年某月某日訂立合約」的訊息，AI 就能透過這個小線索，順藤摸瓜地找出相關文件。

如果 Jeff 不記得合約年分也沒關係。他可以聯想到其他

細節，例如供應商名稱或簽約人的姓名，AI 可以根據這些關鍵資訊調整搜索邏輯，靈活地完成檢索任務，這正是 AI 工具令人讚嘆的亮點之一。

有了 AI 這位「第二大腦」幫忙管理文件，許多耗時且低效率的作業流程都將被優化，辦公室的工作效率自然提升！

技巧再升級

技巧 1　檔案太多，超過容量上限該怎麼辦？

ChatFile 就像 Google Drive 等雲端硬碟一樣，有一定的檔案容量限制。如果我們手邊的資料太多超過上限了，建議優先上傳「重要」但「不常用」的工作項目，例如：行政庶務的辦理流程、各式合約條款、公司軟硬體的操作說明書等。

因為對於時常經手的業務內容，我們肯定很熟悉相關文件放在哪裡，能迅速找到資料，反而是那些不常遇到的行政庶務，容易在真正需要時讓我們陷入遍尋不著的窘境。

技巧 2　為何 AI 讀取不到最新上傳的文件？

通常這種情況代表 ChatFile 解析文件後尚未匯入「個人區」的列表中，此時只要「重新整理」頁面，就能解決這個問題。當然，我們可以養成習慣，每次上傳新的文件後就隨手點擊重新整理，即可確保 AI 順利讀取到最新的文件。

AI 小講堂

「第二大腦」（Second Brain）是知名生產力專家提亞戈・佛特（Tiago Forte）提出的概念，他的著作《打造第二大腦》更廣受推崇。佛特主張，我們應該把日常的筆記與文件妥善儲存在數位資料庫中，需要的時候就能用最少時間調取出來。

然而，僅僅做到「快速調取資料」這一點，在實際工作中已是一大挑戰。原因在於，數位化只是第一步，將資料進一步建立關聯、去蕪存菁，才是打造第二大腦的核心步驟，而這個繁瑣的過程，正是許多人遲遲無法身體力行的原因。

本文探討如何藉助AI之力，將這些繁重的整理工作都打包給AI處理，從而建構一個專注於文件管理的系統。某方面來說，這個系統也可以稱為精簡版的第二大腦。

實用工具連結

ChatFile

27 讓網路搜尋精準又有效／Perplexity AI

在這個資訊氾濫的時代，遇到問題時只要丟到 Google 上面，幾乎就不怕找不到解答，該擔心的是如何從大量的搜尋結果中，篩選出真正能派上用場的資料。

如果你常利用網路搜尋工作難題，應該對這種情境並不陌生：在 Google 輸入關鍵字後，跑出一大堆文章連結，卻不知道該點哪一個？或者，每篇文章「看起來」都很棒，得要逐一點開查看，花了大把時間整理錯綜複雜的資訊，結果卻往往差強人意。

這背後的原因在於，我們真正需要的解答通常散落在不同的網路文章裡。依靠人力閱讀與辨別不但耗時費力，還可能因為資訊過多而被搞得暈頭轉向。

Perplexity AI讓網路搜尋事半功倍

「Perplexity AI」正是在這樣的資訊困境下誕生的工具。

它可以即時分析網路資訊，瞬間將搜尋結果歸納為清晰易懂的答案，免去逐頁檢視的麻煩。藉由 AI 的強大能力進行網路檢索與歸納，不僅能讓我們擺脫繁瑣的手動搜尋、篩選與整理工作，取得的答案也更精準貼切。接下來將介紹如何運用「Perplexity」，讓網路搜尋變得輕鬆又有效率。

操作步驟

STEP 1
快速掌握 Perplexity 的使用方式

　　Perplexity 是一款結合「搜尋」與「AI 問答」的創新工具。與過往使用 Google Chrome 或其他瀏覽器搜尋的方式不同，Perplexity 能深入分析我們的提問，瞬間從大量的網頁資料中篩選出最相關的內容，並且條理分明地呈現歸納後的結果。

　　簡單來說，Perplexity 能事先排除大量無關資訊，省卻我們在網路上大海撈針的時間。更令人心安的是，Perplexity 在回答問題時會參考實際的網路資料並附上來源，降低了「AI 幻覺」（Hallucination）帶來誤導的風險，讓使用者能放心地參考其搜尋結果。

　　Perplexity 可以直接在瀏覽器上使用（連結附於文末），也支援 iOS 與 Android 手機應用程式。首次使用時，以

Google 帳號或其他電子郵件登入即可。操作介面非常單純，主要分為左側的工具列以及右側的對話區。

左側工具列有以下幾個功能：

- New Thread：開啟新對話。當我們完成某項工作，想繼續用 Perplexity 搜尋別的主題時，點擊 New Thread 就能開啟一個全新的對話，可以避免舊的對話干擾新問題，確保 AI 專注於新的搜尋。
- Home：回到首頁。
- Discover：查看國際熱門議題，類似即時新聞的概念。
- Spaces：此功能整合了 Perplexity 搜尋的網路資訊以及使用者上傳的資料。詳情請參考 STEP 3 的介紹。
- Library：歷史記錄區，儲存所有對話內容。
- 齒輪圖示：帳號資訊與設定。可在此切換帳號、更改語言、變換使用的 AI 模型（例如 Claude 3.5 或是 GPT-4o）、串接 API，以及使用「Profile」功能設計個人化的 AI 回覆風格，詳情請參考 STEP 2 的介紹。

輸入問題時，除了可以點擊「迴紋針」（Attach）按鈕上傳文件，還能運用「Focus」快速篩選特定類型的資料。目前有以下幾大類：

- Web：搜尋網路資料，應用範圍最廣泛。
- Academic：以搜尋學術文獻為主，但不侷限於學術

研究用途，舉凡想取得經過驗證的資料或是希望聽取專業意見，都可以使用。
- Math：專門處理數學、計算相關的問題。
- Writing：專門用於寫作。
- Video：以搜尋網路影片為主，例如 YouTube。
- Social：以搜尋社群平台貼文為主，例如 Reddit。通常用於探索即時的公眾意見、流行趨勢，或是熱門議題的走向。

「Focus」的功能讓我們無需設計特別的指令，只需輕鬆一按，即可搜尋特定領域的資料，毫不費力。

舉例來說，當我們想學習「上台簡報的肢體動作技巧」時，與其閱讀文字，不如直接觀看教學影片。此時只需要將 Focus 設定為「Video」，Perplexity 就會整理出一系列 YouTube 影片，並提供文字摘要，方便我們透過影像畫面學習。

這項功能可以依照問題類型或工作情境的不同，靈活切換 AI 的回答方向，相當便利實用。

最後，別忘了，Perplexity 的回答後方會列出參考來源，點擊連結即可輕鬆查核資訊的正確性，或是打開原文，深入閱讀更多相關內容。

Perplexity 操作介面示意圖

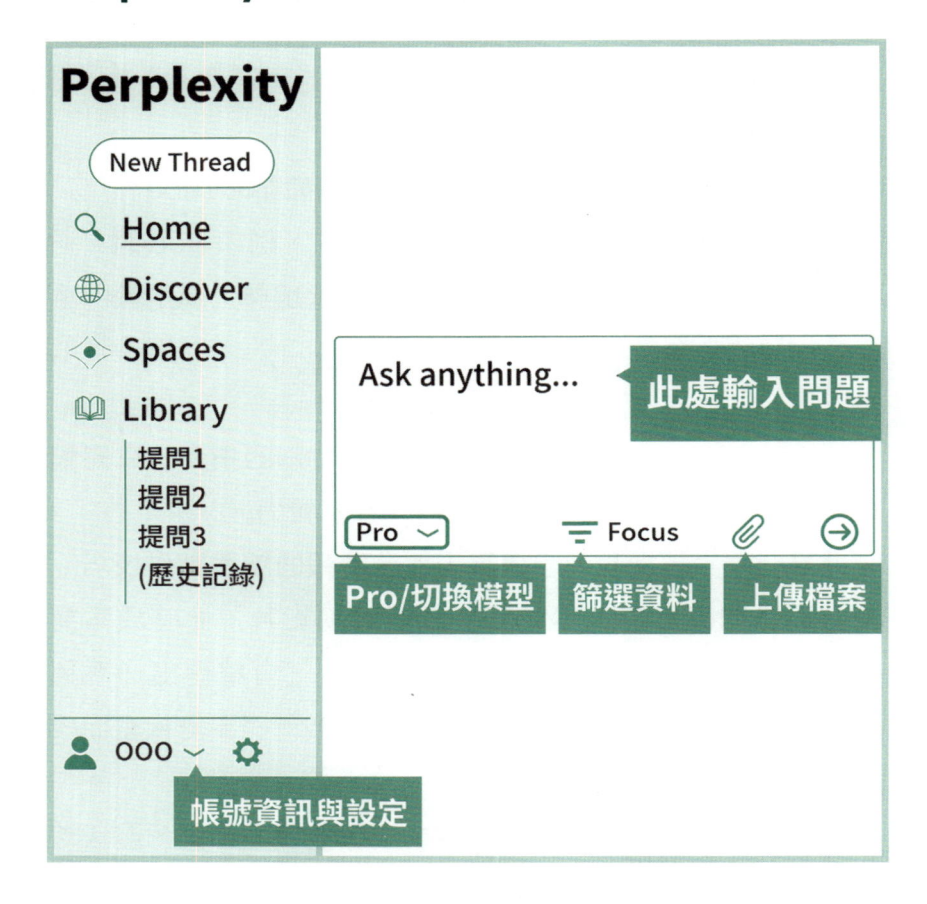

Perplexity

- New Thread
- 🔍 Home
- 🌐 Discover
- ◆ Spaces
- 📖 Library
  - 提問1
  - 提問2
  - 提問3
  - (歷史記錄)

👤 ooo ⌄ ⚙️

帳號資訊與設定

Ask anything...　此處輸入問題

Pro ⌄　　= Focus　　📎　→

Pro/切換模型　　篩選資料　　上傳檔案

STEP 2
客製化 AI 回覆風格

「你不懂我要什麼！」這句話大概是 AI 最常遭人埋怨的地方之一。畢竟 AI 不曉得使用者的背景資料，當面對問題時，自然很難給出盡善盡美的答案。

為了解決這個問題，Perplexity 內建了一個名為「Profile」的功能，隱藏在主畫面的設定功能中（齒輪圖示）。

Profile 讓我們可以預先輸入個人資訊，例如：職業、年齡、地理位置、興趣、語言等。透過這些基本資料，AI 能根據使用者的需求和特性、職業或興趣，調整回覆的風格與內容，並從而決定哪些資料該提供多一些，呈現出使用者會覺得有價值的答案。

Profile 主要有 3 項個人資訊需要填寫：

- Introduce yourself（自我介紹）：輸入自己的職業、年齡、興趣、專長、專業技能等，內容不受限。
- Location（地理位置）：輸入所在的城市與國家，例如：「Taipei, Taiwan」，讓 AI 提供符合在地化的建議與資訊。但根據經驗，目前成效有限，未來如果使用人數累積夠多，或許會有比較明顯的效果。

- Preferred response language（語言）：設定 AI 回答使用的語言，例如繁體中文。

填寫完成後，點選「Save」儲存資料。隨後，Perplexity 會依照我們輸入的內容提出幾個延伸問題，大多是用來揣摩使用者的背景，這部分就視情況填寫即可，並非必要。

整體來說，雖然「Profile」容易受到忽略，但從長期的使用經驗來看，這項功能有助於 AI 提供更趨近於自身職業與工作習慣的回答，值得我們花點時間進行設定。

STEP 3 運用 Spaces 打造專屬工作空間

隨著使用時間的增加，我們累積的問答記錄會越來越多，整理或事後回顧會變得越來越不方便。這時，我們可以透過「Spaces」功能，為特定主題或工作項目建立專屬的空間，把同類別的對話整理在一起。每個「Space」彼此獨立，如同使用資料夾管理電腦檔案一樣。

以下是 Spaces 的兩個強大功能：

1. 文件上傳與資料整合：我們可以在 Space 上傳 PDF、Word 等文件，或是輸入特定的網路資料。此

後在這個 Space 進行的問答，AI 將會結合網路資料與我們上傳的文件，提供更精準的回答。

2. 自訂指令：每次新增 Space 時，會出現「Custom Instructions」欄位。雖然是選填，但若保留空白實屬可惜！這個欄位可以讓我們為該 Spaces 設定特定指令，例如指定角色或摘要格式。

舉例來說，我們建立一個「上台簡報的肢體動作技巧」Space，並且在 Custom Instructions 中設定以下指令：

輸入：

> 假設你是一位經驗豐富的 TED 講者，請以條列式呈現，哪些身體語言是正確的、哪些是錯誤的。

未來在這個 Space 的所有問答，AI 都會自動根據指令，以 TED 講者的角度、條列式風格歸納重點。

善用 Spaces 功能不僅能讓 Perplexity 每次呈現的回答更有一致性，也方便長期管理與重複利用。

Spaces 功能介紹

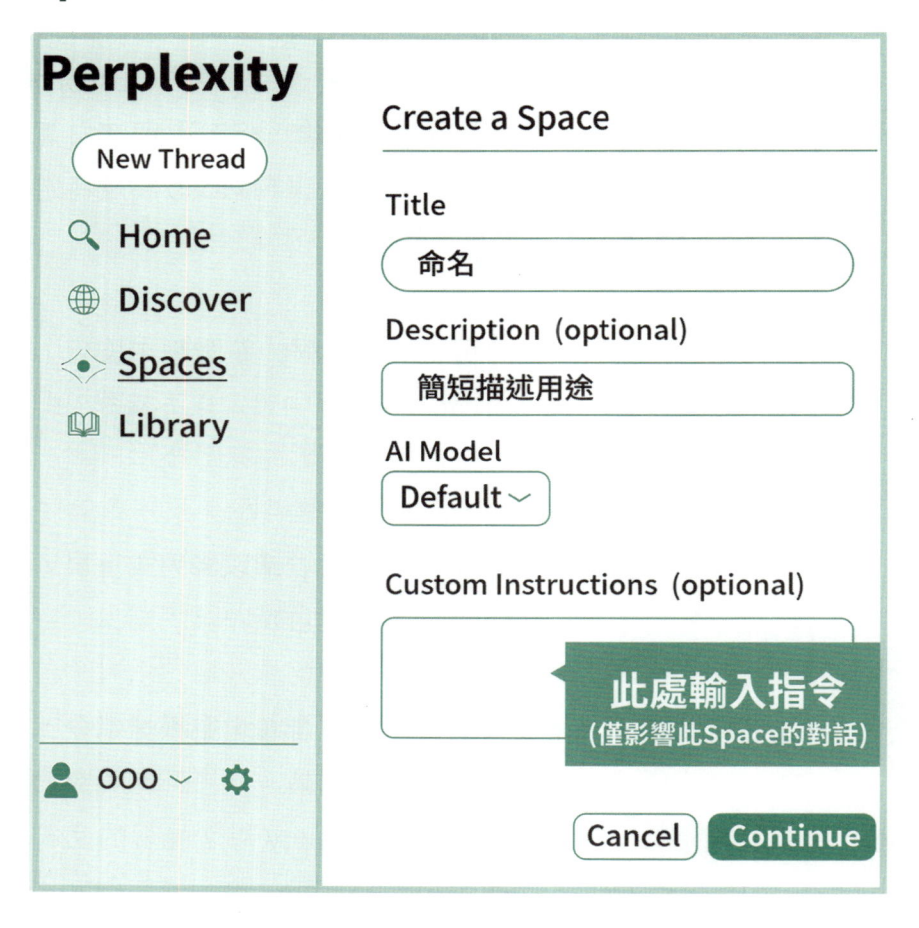

Perplexity

- New Thread
- 🔍 Home
- 🌐 Discover
- ◆ Spaces
- 📖 Library

👤 ooo ⌄ ⚙

Create a Space

Title

[命名]

Description (optional)

[簡短描述用途]

AI Model

[Default ⌄]

Custom Instructions (optional)

> 此處輸入指令
> (僅影響此Space的對話)

[Cancel] [Continue]

技巧再升級

> 技巧 1　運用更精準的「Pro」搜尋功能

　　在輸入問題的對話區內開啟「Pro」功能，Perplexity 的回答會變得更詳細深入。在這個模式下，Perplexity 有時候會主動反問，要求我們補充說明，以優化回答內容。

　　簡單來說，開啟「Pro」就像裝上一對翅膀，AI 可以飛得更高、看得更遠、變得更聰明。唯一的缺點是免費版的 Pro 使用次數有限，如果想在工作中大量使用，就需要額外付費才能滿足需求。

> 技巧 2　瀏覽器擴充功能

　　Perplexity 也有提供瀏覽器擴充功能（連結附於文末），安裝後，我們就能在瀏覽網頁時隨時使用 Perplexity。

AI 小講堂

Perplexity藉由「AI網路搜尋」這個特色迅速吸引眾人目光，也顛覆了大眾在生活中使用網路的習慣。比如，國外有人分享他在購買任何產品之前，都會先把Focus功能切換至「Social」，快速整理出其他人發表過的評價，以此評估購買與否。

然而，在本書出版前夕，國外消息指出網頁版的Perplexity移除了多項Focus功能（iOS版本則正常運作），對此，甚至有人在社群媒體X向Perplexity執行長斯里尼瓦斯（Aravind Srinivas）喊話，希望恢復這項便利的功能，並得到斯里尼瓦斯回覆：「Will come back」

未來是否能迎回所有Focus功能呢？還有待觀察。

實用工具連結

Perplexity

Perplexity- AI Companion
（瀏覽器擴充功能）

28 讓你的「稍後閱讀清單」煥發價值／Readwise Reader

Nicole 在辦公室忙了一個上午，終於有空泡杯咖啡。碰巧遇到好同事 Henry 也在茶水間休息，兩人便開心地聊了起來。

「Henry，我最近開始用 AI 設計 Excel 公式了，真的超方便。」Nicole 興奮地說。

「真的嗎？聽起來很厲害，我也想學。」

「好呀，我前幾天看到一篇超詳細的文章，等等分享給你。」Nicole 掏出手機翻找，找了好一會兒，皺著眉頭說：「咦，怪了，放到哪裡去了？」

「沒關係，妳找到再傳給我吧。」Henry 笑著說道，「對了，我最近用 AI 畫了我們 team 的研發流程圖，速度有夠快，妳一定要試試看！」

剛說完，Henry 隨手就將好幾篇部落格文章以及 YouTube 教學影片，一股腦地傳給了 Nicole。

Nicole 看著手機裡接連跳出的訊息，驚訝地說：「哇，

你怎麼有辦法馬上找到這些資料啊？我常常翻半天都找不到。」

　　Henry 得意地笑了，「我以前也是這樣，後來開始使用『稍後閱讀工具』，搭配 AI 摘要功能，平常看到有用的資料就順手整理起來，之後隨時都能派上用場。」

Readwise Reader建立實用的AI稍後閱讀系統

　　許多人習慣用「稍後閱讀清單」暫存那些有價值但不急需處理的資料，希望某天能再派上用場。然而，這些稍後閱讀的內容往往散落在不同的軟體中，不僅難以搜尋，管理起來也相當麻煩。

　　因此，以下將介紹「Readwise Reader」這款工具，搭配「AI 自動摘要」的技巧，建構出一套易搜尋、好理解的「稍後閱讀」系統。

操作步驟

STEP 1
快速掌握 Readwise Reader 的使用方式

拜網路發達之賜，我們能隨時隨地吸收資訊，例如在等捷運時閱讀新聞，或是下班後用 Youtube 觀看教學影片。然而，我們往往沒有時間或心力立刻做筆記，於是這些看似有價值但暫時用不到的資訊，就會被我們隨手扔進「稍後閱讀清單」裡。

但這些資訊真的有派上用場的一天嗎？

坦白說，幾乎不可能！稍後閱讀清單往往成了「只進不出」的垃圾桶，而這背後主要有兩個原因：

- **缺乏統一整合，難以搜尋**：市面上有太多稍後閱讀功能的軟體，例如 YouTube 的「稍後觀看」、Facebook 的「珍藏項目」、瀏覽器的「書籤」。資料分別儲存在不同地方，搜尋起來非常麻煩。

- **缺乏重點標示，難以突顯價值**：清單裡的內容通常欠缺筆記或註釋，等到我們再次閱讀時，往往早已忘了重點在哪。

如果你也被這些問題困擾，別擔心，「Readwise

Reader」可以一舉解決上述的問題！

Readwise Reader 是一個井然有序的收納箱，可以將不同來源的網路資訊集中在此，統一進行分類、整理，甚至還支援 AI 自動摘要功能。當一則資訊匯入時，AI 也會同步完成初步的重點摘錄。

首先，請開啟 Readwise Reader 的官方網頁（連結附於文末）。

操作介面很單純，主要分為三個區塊：左側的「工具列」、中央的「資訊列表區」、右側的「基本資料區」。我們可以使用工具列上的「+」按鈕，將網路上看到的資料匯入資訊列表。

在工具列的「Library」欄位下，系統會依內容類型自動分類：

- Articles：從網頁上儲存的資料，例如：網路文章、新聞報導、社交媒體貼文等。
- Books：電子書（EPUB 格式）。
- Emails：電子郵件內容。
- PDFs：PDF 檔案。
- Tweets：儲存在 X（舊稱 Twitter）上的貼文。
- Video：網路影片，如 YouTube。
- Feed：透過 RSS 訂閱的內容。

Readwise Reader 可以同時彙整多種不同管道的資訊，匯入資料的方式也不只一種。我們可以依照實際需求，自行選用合適的方法：

- **輸入網址（URL）**：網路文章、部落格資料、YouTube 影片等。
- **直接上傳檔案**：支援 PDF、電子書等。若是在電腦上操作，可以直接「拖曳」檔案到介面，輕鬆完成上傳。
- **轉寄 Email**：平台提供每個人專屬的「Forward email」，我們只需要將希望留存的信件（例如含金量高的電子報）「轉寄」到 Forward email，就能自動儲存信件內容。
- **RSS Feed**：輸入網站網址，未來有新文章發布將會收到通知。但僅限於提供 RSS 訂閱服務的網站才能使用。
- **使用瀏覽器擴充功能**（請參考 STEP 3 的說明）。

　　此外，當滑鼠移動到「**資訊列表區**」時，右側的「**基本資料區**」會同步更新，除了顯示每篇文章的來源、作者、存檔時間等基本資料，若有預先設定 AI 自動摘要的功能，AI 摘要的內容也會顯示於此。

我們不必逐一點開每則儲存的內容，就能掌握摘要出來的重點。

Readwise Reader 操作介面示意圖

```
Readwise                    Library              Info   Notebook

⌂ Home                   ≡ 文章標題1              文章標題2
⩘ Library                  OOOOOO (簡介、摘要)
   • Articles            ≡ 文章標題2              SUMMARY
   • Books                 OOOOOO               1. ......
   • Emails                                      2. ......
   • PDFs                ≡ 文章標題3              3. ......
   • Tweets                OOOOOO
   • Videos                                     (AI摘要內容)
   • Tags                   .
🔊 Feed                     .
                            .                    METADATA
                                                 ......
🔍 Search                                        (基本資料)
⚙ Preferences        此處設定AI摘要


    工具列                    資訊列表區              基本資料區
```

第4章 資料搜索力

下一步就要介紹最重要的「AI 自動摘要」功能。

STEP 2
設計 AI 摘要指令

Readwise Reader 將 AI 自動摘要的功能稱為「Ghostreader」。首次使用時，請在工具列的「Preferences」開啟功能。依序點擊 Preferences → Ghostreader prompts → Customize，接著點選 Summarize the document 右側的「Edit prompt」，就會出現輸入 AI 指令的欄位。

指令的設計相當有彈性，我們可以根據自己的閱讀或工作需求，讓 AI 採取不同的摘錄方式。

如果你對於該怎麼設計指令沒有頭緒，請不用擔心，歡迎直接複製以下的指令試用。

> 請摘錄以下資料的重點。
> " " "
> 以下是原文內容：
> {% if (document.content | count_tokens) > 2000 %}
> {{ document.content | central_sentences | join('\n\n') }}

（有可複製的指令範例）

讓你的「稍後閱讀清單」煥發價值／Readwise Reader

```
{% else %}
{{ document.content }}
{% endif %}
"""
```

以下是我閱讀這份資料時，自行記錄的重點，請優先參考：

```
{% for highlight in document.highlights %}
{{ highlight.content }} {{ "\n\n" }}
{% endfor %}
"""
```

摘要重點時，請遵守以下 4 個原則：

1. 請逐句分析這份資料，使用「問題－答案」對照的方式，彙整這份資料內提及的重要問題及對應的解決方法。

    格式如下：

    Q：[ ]

    A：[ ]

2. 用字遣詞需簡潔扼要，總字數不可以超過 500 字。
3. 請務必確認你摘錄的每個問題，彼此之間沒有重複。

4. 請使用台灣人熟悉的單字、修辭及慣用語，並以繁體中文輸出。

　　由於 Readwise Reader 支援「螢光標示重點」的功能（詳情請參考 STEP 3 的介紹），因此特別置入了「請 AI 參考我們所畫重點」的指令，這樣的設計有助於 AI 更加貼近每個使用者的邏輯，精準判斷哪些內容該視為「重要」或「不重要」，進而產出更加個人化的摘要內容。

　　當然，如果我們沒畫任何重點，AI 也會自動依照全文生成摘要。

　　最後，點擊「Save」即可完成設定。設定完成後，每當有新資訊匯入 Readwise Reader，系統就會自動生成精美的 AI 摘要囉！

Readwise Reader 設計 AI 自動摘要指令

Readwise

- ⌂ Home
- 🕮 Library
  - Articles
  - Books
  - Emails
  - PDFs
  - Tweets
  - Videos
  - Tags
- 📶 Feed

- 🔍 Search
- ⚙ <u>Preferences</u>

Preferences / Ghostreader prompts

Automatic document level prompts

Summarize the document

Prompt

```
請摘錄以下資料的重點。
"""
以下是原文內容：
{% if (document.content | co
{{ document.content | central_sentences | join ('\n\n') }}
{% else %}
{{ document.content }}
{% endif %}
"""
```

此處輸入 AI 自動摘要指令

AI Model: GPT-4o mini   Cancel   Save

切換 AI 模型

STEP 3
運用瀏覽器擴充功能

請前往 Chrome 線上應用程式商店，安裝「Readwise Highlighter」擴充功能（連結附於文末）。

安裝完成後，當我們在網路上看到值得收藏的資訊時，只需點擊瀏覽器工具列上的擴充功能圖示（英文字母 R 的圖樣），即可將內容直接儲存至 Readwise Reader。

更重要的是，我們還能一邊閱讀文章，一邊用滑鼠圈選特定的字句，像是使用螢光標示重點（Create Highlight）、加註筆記（Add Note）、設定標籤（Add Tags）。這些標註和筆記內容也會自動保存到 Readwise Reader。

透過這樣的方式，我們就不會忘記閱讀時所產生的想法與靈感，這些重點還能成為 AI 摘要的參考，讓系統生成更貼近我們需求的內容。

技巧再升級

技巧 1　如何客製化 AI 摘要指令？

　　如果你覺得 STEP 2 以「Q&A」進行摘要不太符合自己的習慣，完全可以設計成其他的指令。

　　首先，直接修改指令內「中文字」的部分，替換成你偏好的摘要方式。但是在編輯時需要注意，Readwise Reader 的 AI 指令需配合特定的語法，例如 STEP 2 提及的「{% else %}」或是「{% endif %}」，如果不熟悉這些語法，建議不要隨意更動，以免影響功能運作。

　　其次，如果你對 AI 摘要功能充滿興趣，希望探索更深入的應用方式，請參考官方發布的指令大全「Ghostreader Prompt Library」（連結附於文末），裡面詳細列出了閱讀前、閱讀中、閱讀後等不同情境的指令範本，相當值得參考。

實用工具連結

Readwise Reader

Readwise Highlighter

Ghostreader Prompt Library

29 讓 AI 成為你的個人筆記助理／ChatGPT

近年來，各式各樣的「筆記術」應運而生，每一種技巧都具備獨特的魅力，迅速吸引一票死忠支持者。筆記術之所以深受眾人喜愛，原因在於我們逐漸發現，缺乏系統管理的筆記充其量只是毫無結構的逐字稿，無法真正發揮價值。

然而，學會筆記術之後，真的能落實在生活中嗎？

不曉得你是否遇過這種情況：讀完一本介紹「筆記術」的書，或是參加相關的線上課程之後，滿心期待地希望透過這些技巧來提高工作效率，卻因為各種繁忙的日常瑣事，而沒有多餘的時間心力將平日閱讀的資訊轉化為精美的筆記。久而久之，那些曾經讓人躍躍欲試的筆記術書籍塵封在書架上，徒留一絲無奈。

這種「心有餘而力不足」的情況並不罕見，畢竟我們每天的時間精力都有限。所幸，現在可以藉助 AI 強大的學習與分析能力，讓它扮演「私人筆記助理」，靈活運用多樣化的

筆記技巧，迅速整理和分析資料，進而自動生成一份又一份精緻的筆記成果。

ChatGPT 化身全自動筆記助理

相較於直接請 AI「摘要一篇文章」，不如先訓練 AI 學習特定的筆記邏輯與原則再進行摘錄重點，得到的回覆內容將會更加精準。

以下將介紹如何訓練「ChatGPT」學習康乃爾筆記、子彈筆記、卡片盒筆記等風靡全球的筆記術，並進一步達到 AI 自動分析資料、自動產出筆記的成果！

操作步驟

STEP 1 蒐集筆記術的執行方法

我們必須先蒐集與筆記術有關的背景知識，供 ChatGPT 學習與分析，才能讓它更精準地掌握整理資料的方法。

首先，我們可以將自己對某個筆記術的理解，或是來自網路上的教學文章、書籍內容重點提供給 ChatGPT，讓它明白這個筆記術的操作方式。

此外有一個取巧的方法。由於 ChatGPT 的資料庫接受

過大量資料的訓練，對於國際知名的筆記術，ChatGPT 有很高的機率已經具備了相關知識。因此，我們可以直接向 ChatGPT 提問，請它總結出某個筆記術的執行方法與技巧。

而在輸入指令時，別忘記附上那個筆記術的英文名稱，有助於 ChatGPT 找出正確的資訊。

- 康乃爾筆記（Cornell Note-Taking System）
- 子彈筆記（Bullet Journal）
- 卡片盒筆記（Zettelkasten Method）

以「康乃爾筆記」為例，我們可以這麼輸入指令：

（有可複製的指令範例）

輸入：
請幫我彙整有關「康乃爾筆記（Cornell Note-Taking System）」的詳細執行步驟，例如，步驟一、步驟二、步驟三，並遵循以下 3 個條件：
1. 只要整理「如何將原始資訊整理成筆記」的方法即可，其他內容請省略。
2. 你彙整的內容，將被應用於 ChatGPT 的訓練與學習，因此請將 ChatGPT 無法執行的部分刪除，或是重新調整。
3. 以簡潔明瞭的方式呈現，總字數限制為 500 字。

ChatGPT 回答：

步驟一：準備筆記結構

　劃分頁面為三個部分：

- 筆記區（右側約 2/3）：記錄講解或閱讀時的詳細內容。
- 提示區（左側約 1/3）：寫下關鍵詞、問題或提示。
- 摘要區（頁面底部）：總結整頁內容的主要概念。

步驟二：記錄原始資訊

　在筆記區：

- 專注要點：在聆聽或閱讀時，捕捉主要觀點和重要細節。
- 簡潔表達：使用自己的話，避免逐字抄寫，以提高理解和記憶。
- 清晰組織：適當使用標題、編號或項目符號，使筆記結構明確。

步驟三：提取關鍵詞或問題

　在提示區：

- 回顧筆記：學習後，閱讀筆記區內容，加深理解。
- 提煉關鍵詞：為每個主要觀點寫下關鍵詞，概括核心思想。
- 設計問題：提出與內容相關的問題，促進思考和自

我測試。

步驟四：撰寫摘要

在摘要區：

- 概括主要內容：用幾句話總結整頁筆記的核心思想。
- 強調重點：突出最重要的概念，便於日後快速回顧。

透過這樣的方式，我們就能快速獲得一份康乃爾筆記的執行步驟。

當然，ChatGPT 初步彙整的資訊會有些偏差或遺漏，繼續在這個草稿上調整即可。

值得一提的是，康乃爾筆記特別強調「區塊式」的畫面設計，也就是要分隔筆記區、提示區、摘要區，這一點在手寫筆記時容易辦到，之後要請 ChatGPT 處理時該如何達成呢？

此時我們可以善用 ChatGPT 生成「表格內容」功能，在指令中特別設定「用表格的方式實現頁面布局」，即可達成康乃爾筆記的區塊式畫面。

此處不一一詳述其他兩項筆記術的指令，可模仿以上與 ChatGPT 對話的方式，取得「子彈筆記」與「卡片盒筆記」的執行步驟。

STEP 2
打造自動筆記助手 GPT

接著，我們將運用 ChatGPT 的「GPTs」功能打造一個專門的筆記助手，未來隨時隨地都能使用。

有可複製的指令範例

- 名稱：自動筆記助手 GPT
- 說明：AI 助手幫你輕鬆完成筆記摘要
- 指令：

    請根據使用者在對話啟動器選擇的方式，參照以下 3 種筆記術的執行步驟，將使用者上傳的資料，一步一步轉化為指定的筆記架構與格式。

    - 康乃爾筆記的執行步驟

        （此處複製貼上詳細的步驟）

        請務必用「表格」的方式，實現筆記區、提示區、摘要區的頁面布局。

    - 子彈筆記的執行步驟

        （此處複製貼上詳細的步驟）

    - 卡片盒筆記的執行步驟

        （此處複製貼上詳細的步驟）

- 對話啟動器：
  - 請依照「康乃爾筆記」的執行步驟，將我上傳的資料整理為詳細的筆記。
  - 請依照「子彈筆記」的執行步驟，將我上傳的資料整理為詳細的筆記。
  - 請依照「卡片盒筆記」的執行步驟，將我上傳的資料整理為詳細的筆記。
- 知識庫：此處可上傳筆記術相關的文件檔案，提供 AI 學習與訓練，若在上方「指令」區塊已經說明清楚，不上傳檔案也無妨。
- 功能：只勾選「程式碼執行器和資料分析」功能，其他功能請取消勾選。

完成以上設定後，點擊畫面上方的「建立」，就順利完成囉！

更詳盡的 GPTs 操作步驟與使用，請見第 7 節。

ChatGPT 打造自動筆記助手

ChatGPT-GPTs　　建立

名稱：自動筆記助手GPT

說明：AI助手幫你輕鬆完成筆記摘要

指令：
請根據使用者在對話啟動器選擇的方式，參照以下3種筆記術的執行步驟，將使用者上傳的資料，一步一步轉化為指定的筆記架構與格式。
1. 康乃爾筆記的執行步驟
   （此處複製貼上詳細的步驟）
   ‧‧‧‧‧‧

→ 此處輸入完整指令

對話啟動器：
- 請依照「康乃爾筆記」的執行步驟
- 請依照「子彈筆記」的執行步驟
- 請依照「卡片盒筆記」的執行步驟

→ 為每項筆記術設置對話啟動器

知識庫（可上傳參考檔案）

功能：
- ☐ 網頁搜尋
- ☐ 畫布
- ☐ 生成 DALL‧E 圖像
- ☑ 程式碼執行器和資料分析

預覽區（隨時試用）

STEP 3
應用情境說明

以後我們每次開啟這個「自動筆記助手 GPT」，在前一步驟「對話啟動器」設定的三種選項就會自動出現。我們只要根據當下的需求，點擊想套用的筆記術，接著貼上一篇文章或是上傳一份檔案，AI 就會自動生成精美的筆記。

AI 小講堂

在這篇文章完成之際，OpenAI推出了下一世代的AI模型，稱之為「o1-preview」，儘管尚未具備瀏覽網頁等既有功能，甚至需要更長的時間才能生成回覆，卻展現出優異的思考推理能力，令人耳目一新。

具體來說，AI更接近人類了！以前為人所詬病的種種，像是AI摘要資料的方式不夠深入、翻譯語句太過機械化，或是撰寫程式碼的錯誤率偏高等等，如今o1的表現都有明顯的進步。OpenAI特意不延續GPT-3、GPT-3.5、GPT-4的產品命名模式，全新定義為「o1」，象徵著一次重大革新。

也許未來某天，本文設計的「自動筆記助手GPT」所展現的筆記成果，真的會令人自嘆不如呢！

30 AI 網頁翻譯又快又準／沉浸式翻譯

Ashley 最近被主管指派研究國外的科技趨勢，這項工作令她接連幾天都埋頭與大量的外文資料奮鬥。

忙了一整個上午之後，Ashley 揉了揉眼睛，忍不住向隔壁同事抱怨：「Jason，這次的報告資料多到爆炸，而且全都是英文，我快要累垮了……」

Jason：「嗯？現在有 ChatGPT 幫忙，翻譯應該快多了吧？」

Ashley：「是沒錯，但是要反覆在原本的網頁和 ChatGPT 之間切換，還得不斷複製貼上，好麻煩啊！」

Jason 點了點頭：「我懂，這種來回複製貼上最花時間了，有時候一不小心還會漏了重要資訊。」

他隨即露出一抹神祕的笑容說：「偷偷跟妳說，我最近找到一個 AI 工具可以解決這個問題。」

Ashley 聽了眼睛一亮，立刻湊到 Jason 的座位旁，請他趕緊示範。

Jason 一邊操作一邊解釋：「妳看，安裝這個瀏覽器擴充功能之後，原文和 AI 翻譯會一起顯示在網頁上，再也不用來回切換視窗了，很棒吧！」

看完示範後，Ashley 馬上回到自己的電腦前，迫不及待開始試用這個實用的 AI 工具。

沉浸式翻譯：一鍵開啟「AI雙語對照」的閱讀體驗

對於經常需要閱讀外文資料的上班族來說，各種翻譯軟體早已運用得得心應手。然而，在原文與譯文的不同軟體視窗之間切換，依然是一件耗時又麻煩的事。

接下來將介紹一款名為「沉浸式翻譯」的瀏覽器擴充功能，不僅具備 AI 支援的高品質翻譯，還能讓原文與譯文「並列顯示」於同一頁面，徹底免去切換視窗的困擾，讓閱讀變得相當便利！

操作步驟

STEP 1
快速掌握「沉浸式翻譯」的使用方式

　　現在的瀏覽器大多內建了簡單的翻譯功能，例如 Google Chrome，只要按右鍵，點選「翻譯成中文（繁體）」，就能翻譯整頁資料。但經常使用的人會發現，Google 翻譯常帶著一種生澀感，還夾雜了不通順的句子。此外，這種「整頁翻譯」功能會把所有文字轉成中文，無法對照原文，對於需要確認原文的人來說相當不方便。

　　ChatGPT 的問世帶來了更高品質的翻譯，翻譯結果更加通順且人性化，缺點則是要將文字逐段複製到 ChatGPT 上，然後切換回原網頁視窗察看，反覆操作也是繁瑣又耗時。

　　「沉浸式翻譯」就是針對這個問題而生的輔助工具。它可以同時呈現原文和譯文，並且提供高品質的 AI 翻譯。

　　沉浸式翻譯是一款瀏覽器擴充功能（連結附於文末），目前支援 Google Chrome、Microsoft Edge、Safari 等多種瀏覽器。安裝之後，我們只需要一鍵就能開啟「AI 雙語對照」翻譯功能。

　　首次使用時，先以 Google 帳號登入，即可免費使用。在操作上，我們可以透過以下幾種方式快速啟用網頁翻譯：

- 點擊瀏覽器上方擴充功能列表中的「沉浸式翻譯」按鈕（安裝後會自動出現）
- 點擊網頁側邊的懸浮按鈕（同樣會自動出現）
- 滑鼠的右鍵選單
- 鍵盤快捷鍵「Alt + A」（此為系統預設，也能自訂為其他快捷鍵組合）

使用快捷鍵「Alt + A」是最快速的操作方式，建議大家優先嘗試看看！

如果不需要翻譯整個網頁內容，也可以用滑鼠圈選特定字句或段落，然後按下「Ctrl」鍵（此為系統預設，同樣可以自訂），譯文就會自動顯示在該段落下方。

這款工具的最大亮點在於，它以「段落」為最小翻譯單位，採用「原文—譯文」交錯的呈現方式，不僅保留了原文的排版，還能讓我們輕鬆對照原文與翻譯的結果，不必頻繁切換不同的視窗，大幅提升了工作的流暢度。

沉浸式翻譯的操作介面示意圖

沉浸式翻譯

```
[X] [X] [X]
← → C  [網址列]        [中/A] ← 擴充功能按鈕    ↓ 👤 ⋮

[圖]  The key highlight of immersive translate lies
      in its design principle, which treats the
      "paragraph" as the smallest unit ······
      (網頁原始內容)                              [中/A]
                                                 ↑
      沉浸式翻譯的最大亮點在於，它以「段落」為    懸浮按鈕
      最小翻譯單位······
      (沉浸式翻譯提供的AI譯文)

[  ]  ooooooo
      ooooooo
      (網頁原始內容)              ⤵  AI逐段翻譯
      ××××××                        雙語對照
      ××××××
      (沉浸式翻譯提供的AI譯文)
```

AI網頁翻譯又快又準／沉浸式翻譯　｜　327

STEP 2
申請 OpenAI API Key

如果沒有特別進行設定，系統預設的是「Google 翻譯」或「Bing 翻譯」，翻譯品質難免參差不齊。因此，我們要試著導入 ChatGPT 的 AI 翻譯功能。

要達成這一點，需要使用 OpenAI 的「API」功能。API 是什麼呢？簡單來說，平常我們可以直接在 ChatGPT 的網站上請 AI 執行任務，但如果想將 AI 功能擴展到其他應用程式中，例如本文介紹的「沉浸式翻譯」，就需要透過 API 進行串接。

以下是申請 API Key 的操作步驟：
1. 開啟 OpenAI 的 API Key 申請網站（連結附於文末）。
2. 以 Google 帳號登入後，點選畫面上的「Create new secret key」按鈕。
3. 系統將生成一組專屬於自己的 API Key。這是一長串由英數字組成的密碼。

需要注意的是，API Key 只會在申請的當下顯示一次，無法事後查詢，請務必妥善保存。

特別要提醒，API Key 與 ChatGPT 雖然都同屬於一家

公司的服務，但兩者的收費方式是獨立的。

- API 採取「依使用量計價」的機制，用量越大，付費越多。
- ChatGPT 採訂閱制，付月租費就能「吃到飽」。

下一步，我們要將申請到的 API Key 輸入「沉浸式翻譯」。

STEP 3 確保 AI 翻譯順暢運行

點擊瀏覽器上方的「沉浸式翻譯」擴充功能按鈕，就會自動彈出一個視窗。接著點擊視窗中的「選項」（齒輪圖示），即可進入設定頁面。

設定頁面可以調整的細節相當多元，比如指定目標語言、切換 AI 模型、設定快捷鍵等。要導入 OpenAI 的翻譯功能，我們需要設定以下幾個欄位的內容：

- **翻譯服務**：選擇「OpenAI」。
- **自訂 API Key**：輸入在 STEP 2 取得的 API Key，請務必確認沒有遺漏任何文字或符號，否則會導致後續無法正常運作。

- 模型：選擇合適的 GPT 模型，例如 gpt-3.5-turbo 或是 gpt-4o 等。

完成後，請按下「點此測試服務」的按鈕。若畫面顯示「驗證成功」，代表 AI 功能已經匯入成功！

需要注意的是，API 按照使用量計價的費用，跟我們選擇哪種 GPT 模型密切相關。新穎的 GPT 模型效能固然更強，在翻譯上的表現更為出色，但收費也會較高，例如 gpt-4 系列的模型費用就比 gpt-3.5 系列高出將近 30 倍。

相信你在這時會感到好奇：「翻譯一篇網路資料到底要多少錢？」

由於 OpenAI 採用「Tokens」為計量單位，並不容易以字數計算費用。根據經驗，如果選擇「gpt-3.5-turbo」模型，1 美元可以處理超過 20 萬字的英文文章，價格算是平易近人。當然，再次重申，這個數據只是籠統的計算，僅供參考。

一般情況下，平常工作選擇「gpt-3.5-turbo」模型，即可獲得相當不錯的翻譯品質；若遇到特別講求翻譯精準度的任務時，再改用效能強勁的 gpt-4 系列模型。

技巧再升級

技巧 1　調整譯文顯示樣式

　　使用沉浸式翻譯之後，網頁內容會以原文與譯文逐段對照的方式呈現。為了讓我們能一目了然地分辨翻譯部分，在「選項」（齒輪圖示）的功能中有多款「譯文顯示樣式」可供選擇，例如：虛線底線、波浪底線、實線框線、螢光標示等。這些視覺上的區分設計，有助於我們更輕鬆順暢地瀏覽文章。

實用工具連結

沉浸式翻譯（Chrome）

沉浸式翻譯（Microsoft Edge）

OpenAI 的 API Key
申請網站

國家圖書館出版品預行編目資料

30個必學的AI行政工作術：搞定會議、行程、簡報、文書、圖表、影音、資料庫，事半功倍，準時下班！/賴彥廷著. -- 初版. -- 臺北市：商周出版：英屬蓋曼群島商家庭傳媒股份有限公司城邦分公司發行，2025.03

面；　公分. --(Live & learn ; 32)

ISBN 978-626-390-437-8 (平裝)

1.CST: 人工智慧 2.CST: 行政管理 3.CST: 職場成功法

312.83　　　　　　　　　　　　　　　114000649

線上版讀者回函卡

30個必學的AI行政工作術

搞定會議、行程、簡報、文書、圖表、影音、資料庫，事半功倍，準時下班！

作　　　者／賴彥廷
責 任 編 輯／余筱嵐

版　　　權／游晨瑋、吳亭儀
行 銷 業 務／林秀津、吳淑華
總 　編 　輯／程鳳儀
總 　經 　理／彭之琬
事業群總經理／黃淑貞
發 　行 　人／何飛鵬
法 律 顧 問／元禾法律事務所　王子文律師
出　　　版／商周出版
　　　　　　115台北市南港區昆陽街16號4樓
　　　　　　電話：(02) 25007008　傳真：(02)25007759
　　　　　　E-mail：bwp.service@cite.com.tw
發　　　行／英屬蓋曼群島商家庭傳媒股份有限公司 城邦分公司
　　　　　　115台北市南港區昆陽街16號8樓
　　　　　　書虫客服服務專線：02-25007718；25007719
　　　　　　服務時間：週一至週五上午09:30-12:00；下午13:30-17:00
　　　　　　24小時傳真專線：02-25001990；25001991
　　　　　　劃撥帳號：19863813；戶名：書虫股份有限公司
　　　　　　讀者服務信箱：service@readingclub.com.tw
　　　　　　城邦讀書花園：www.cite.com.tw
香港發行所／城邦（香港）出版集團有限公司
　　　　　　香港九龍土瓜灣土瓜灣道86號順聯工業大廈6樓A室；E-mail：hkcite@biznetvigator.com
　　　　　　電話：(852) 25086231　　傳真：(852) 25789337
馬新發行所／城邦（馬新）出版集團 Cite (M) Sdn. Bhd.
　　　　　　41, Jalan Radin Anum, Bandar Baru Sri Petaling, 57000 Kuala Lumpur, Malaysia.
　　　　　　Tel: (603) 90563833　Fax: (603) 90576622　Email: service@cite.my

封 面 設 計／陳文德
內 頁 設 計／張瀅瑜
排　　　版／芯澤有限公司
印　　　刷／韋懋實業有限公司
總 　經 　銷／聯合發行股份有限公司
　　　　　　電話：(02)2917-8022　傳真：(02)2911-0053
　　　　　　地址：新北市231新店區寶橋路235巷6弄6號2樓

■2025年3月4日初版

■2025年6月24日初版3.1刷

定價480元

Printed in Taiwan

城邦讀書花園
www.cite.com.tw

版權所有．翻印必究　ISBN 978-626-390-437-8　電子書ISBN 9786263904347（epub）